住房城乡建设部土建类学科专业"十三五"规划教材

住房和城乡建设部中等职业教育建筑施工与建筑装饰专业指导委员会规划推荐教材

建筑装饰设计综合实训

（建筑装饰专业）

王芷兰　主　编
冯淑芳　何均胜　副主编

中国建筑工业出版社

图书在版编目（CIP）数据

建筑装饰设计综合实训 / 王芷兰主编 . —北京：中国建筑工业出版社，2015.9
住房城乡建设部土建类学科专业"十三五"规划教材.住房和城乡建设部中等职业教育建筑施工与建筑装饰专业指导委员会规划推荐教材
ISBN 978-7-112-18486-6

Ⅰ.①建… Ⅱ.①王… Ⅲ.①建筑装饰—建筑设计—中等专业学校—教材 Ⅳ.①TU238

中国版本图书馆CIP数据核字（2015）第225431号

本书主要包括中等职业学校建筑装饰专业建筑装饰设计综合实训必修模块1"主题餐厅装饰设计"和选用模块2"服装专卖店装饰设计"两部分内容，根据项目课程的特点，每个模块细分为现场调研、平面设计、灯具配置、界面设计、陈设配置五个项目，其中在模块1增加了运用AutoCAD计算机辅助设计软件，上机完成主题餐厅装饰设计方案图的具体要求，使学生在完成学习任务的过程中掌握建筑装饰专业相关岗位应具备的职业能力。

本书图文并茂，内容详细，浅显易懂，操作性强，非常实用。

本书适合作为中等职业学校建筑装饰专业的教材，也可作为行业相关人员学习参考用书。

为更好地支持本课程的教学，我们向使用本书的教师免费提供教学课件，有需要者请与出版社联系，邮箱：10858739@163.com。

责任编辑：陈 桦 刘平平
责任校对：陈晶晶 党 蕾

住房城乡建设部土建类学科专业"十三五"规划教材
住房和城乡建设部中等职业教育建筑施工与建筑装饰专业指导委员会规划推荐教材
建筑装饰设计综合实训
（建筑装饰专业）

王芷兰 主 编
冯淑芳 何均胜 副主编

*
中国建筑工业出版社出版、发行（北京海淀三里河路9号）
各地新华书店、建筑书店经销
北京京点图文设计有限公司制版
北京利丰雅高长城印刷有限公司印刷
*
开本：787×1092毫米 1/16 印张：13¼ 字数：305千字
2017年10月第一版 2017年10月第一次印刷
定价：66.00元（赠课件）
ISBN 978-7-112-18486-6
（27709）

版权所有 翻印必究
如有印装质量问题，可寄本社退换
（邮政编码 100037）

前言 Preface

本书是根据教育部《中等职业学校建筑装饰专业教学标准》编写，选取"主题餐厅装饰设计"为建筑装饰设计综合实训必修模块，"服装专卖店装饰设计"为选用模块，以行业专家对建筑装饰专业所涵盖的岗位群进行工作任务和职业能力分析为基础，参照相关的国家职业资格考核要求进行编写。

本书充分体现任务引领、实践导向的项目课程设计思想，根据工作任务的需求，选择与职业能力相关的理论知识，在完成工作任务的过程中掌握建筑装饰专业相关岗位应具备的职业能力。

本书以学生为本，以实践性、实用性内容为主，做到文字描述深入浅出、内容展现图文并茂，通俗易懂，循序渐进，其中的教学活动设计具有可操作性、启发性、趣味性和指导性，并为教师留有根据实际教学情况进行调整和创新的空间。

本书的编写人员是：广州市建筑工程职业学校王芷兰、冯淑芳、丁旭、文秀红，广州以勒设计工作室设计师林超和方荣波。具体分工如下：在模块一中，丁旭编写项目六，其余部分由王芷兰、林超、方荣波编写。在模块二中，文秀红编写了项目一，其余部分由冯淑芳编写。广州市第四装修有限公司总设计师何均胜提供了贵州山水大酒店中餐厅的全套设计图纸。全书由王芷兰统稿并修改。

本书在编写过程中借鉴和引用了部分文献及一些国内外的室内设计实例和图片，在此，谨向提供设计案例的同行们表示感谢！感谢创思国际建筑师事务所设计总监覃思的大力支持！同时也对许多从事建筑、室内设计教学的专家和老师的大力帮助表示衷心的感谢！

本书选取了广州市建筑工程职业学校08—13级学生绘制的部分作业，13级学生林锦婷为模块一的项目五绘制了部分插图。在此一并感谢！

由于时间仓促，编者水平有限，书中疏漏和不足之处还恳请广大读者和同行指正！

编　者

模块1 "主题餐厅装饰设计"学时分配建议表

序号	项目	任务	建议学时（课时）	
1	一. 主题餐厅调研	1. 主题风格辨认	2	6
2		2. 功能区尺度调研	2	
3		3. 常用材料调研	2	
4	二. 主题餐厅平面设计	1. 平面功能分区	10	26
5		2. 布置平面图	16	
6	三. 灯具配置	1. 照明特点	2	8
7		2. 灯具配置	6	
8	四. 界面设计	1. 立面设计	14	26
9		2. 天花设计	6	
10		3. 地面设计	6	
11	五. 陈设配置	1. 陈设配置作用	2	8
12		2. 陈设配置设计	6	
13	正图评图		6	
主题餐厅装饰设计手工绘图学时合计			80	
14	六. 主题餐厅装饰设计方案图计算机绘制要求	1. 平面布置图绘制 2. 天花布置图绘制 3. 剖立面图绘制 4. 详图、节点图绘制 5. 室内外效果图计算机绘制	70	
主题餐厅装饰设计学时合计			150	

模块2 "服装专卖店装饰设计"学时分配建议表

序号	项目	任务	建议学时（课时）	
1	一. 服装专卖店调研	1. 服装专卖店人群定位	2	6
2		2. 服装专卖店平面空间布局	2	
3		3. 服装专卖店各界面材料	2	
4	二. 服装专卖店平面设计	1. 平面功能分区	6	12
5		2. 平面功能分区组织及其内容设计	6	
6	三. 服装专卖店灯具配置	1. 服装专卖店常用灯具照明类型	2	4
7		2. 服装专卖店灯具配置	2	
8	四. 服装专卖店界面设计	1. 天花设计	4	12
9		2. 立面设计	6	
10		3. 地面设计	2	
11	五. 服装专卖店陈设配置	1. 服装专卖店陈设概述	2	4
12		2. 服装专卖店各节点陈设设计	2	
13	正图手工绘制		12	
服装专卖店装饰设计手工绘制学时合计			50	

目录 Contents

模块1 主题餐厅装饰设计 ... 1

项目1 主题餐厅调研 ... 1
- 任务1 主题风格辨认 ... 1
- 任务2 功能区尺度调研 ... 8
- 任务3 常用材料调研 ... 14

项目2 主题餐厅平面设计 ... 18
- 任务1 平面功能分区 ... 19
- 任务2 布置平面图 ... 29

项目3 灯具配置 ... 40
- 任务1 照明特点 ... 40
- 任务2 灯具配置 ... 48

项目4 界面设计 ... 53
- 任务1 立面设计 ... 53
- 任务2 天花设计 ... 68
- 任务3 地面设计 ... 75

项目5 陈设配置 ... 79
- 任务1 陈设配置作用 ... 80
- 任务2 陈设配置设计 ... 87

项目6 主题餐厅装饰设计方案图计算机绘制要求 ... 100

模块2 服装专卖店装饰设计 ... 110

项目1 服装专卖店调研 ... 110
- 任务1 服装专卖店人群定位 ... 110
- 任务2 服装专卖店平面空间布局 ... 116
- 任务3 服装专卖店各界面材料 ... 121

项目2　服装专卖店平面设计 125
　　任务1　平面功能分区 126
　　任务2　平面功能分区组织及其内容设计 130
项目3　服装专卖店灯具配置 147
　　任务1　服装专卖店常用灯具照明类型 147
　　任务2　服装专卖店灯具配置 155
项目4　服装专卖店界面设计 164
　　任务1　天花设计 165
　　任务2　立面设计 172
　　任务3　地面设计 180
项目5　服装专卖店陈设配置 186
　　任务1　服装专卖店陈设概述 186
　　任务2　服装专卖店各节点陈设设计 195

参考文献 205

模块 1
主题餐厅装饰设计

项目 1　主题餐厅调研

【项目概述】

通过参观贵州山水大酒店的中餐厅，学生能辨认餐厅的主题风格；能说出其功能分区，记住各功能区的尺度；识别常用的装饰装修材料。

任务 1　主题风格辨认

【任务描述】

通过实地参观，学生能够辨认该中餐厅主题风格的特征是什么，并说出是通过哪些设计元素来表现这个主题。

【任务实施】

一、参观中餐厅首层入口大厅，指出在设计中使用了哪些中式风格的元素（图 1-1）

在门厅的设计中，设计师对中国画、灯笼、屏风隔断、雕花、家具等常见题材的设计元素，采用简化、抽象、变形等手法，重新组合，运用在设计中。黄色、棕色和中国红的搭配，具有传统装饰色彩的美感，尊贵大气，很好地演绎了既有自然休闲气质，又有传统文化艺术韵味的新中式风格特点。

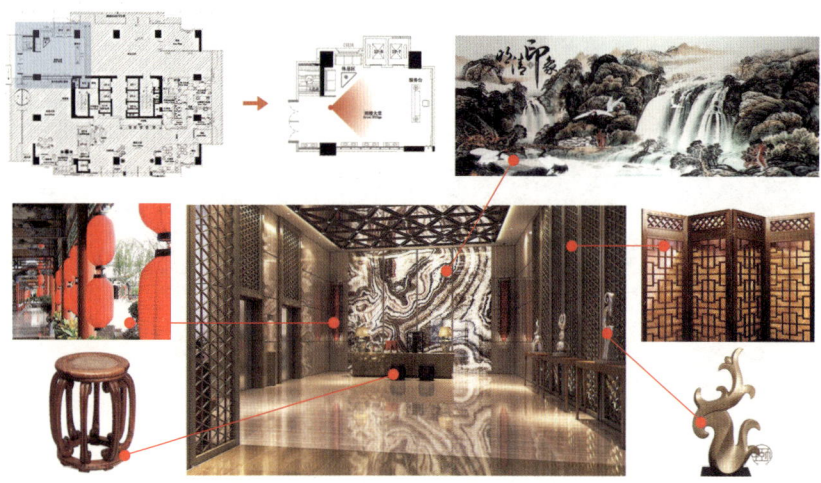

图1-1 首层入口大厅

二、参观二层中餐厅大厅，指出体现中式餐饮特点的元素有哪些（图1-2）

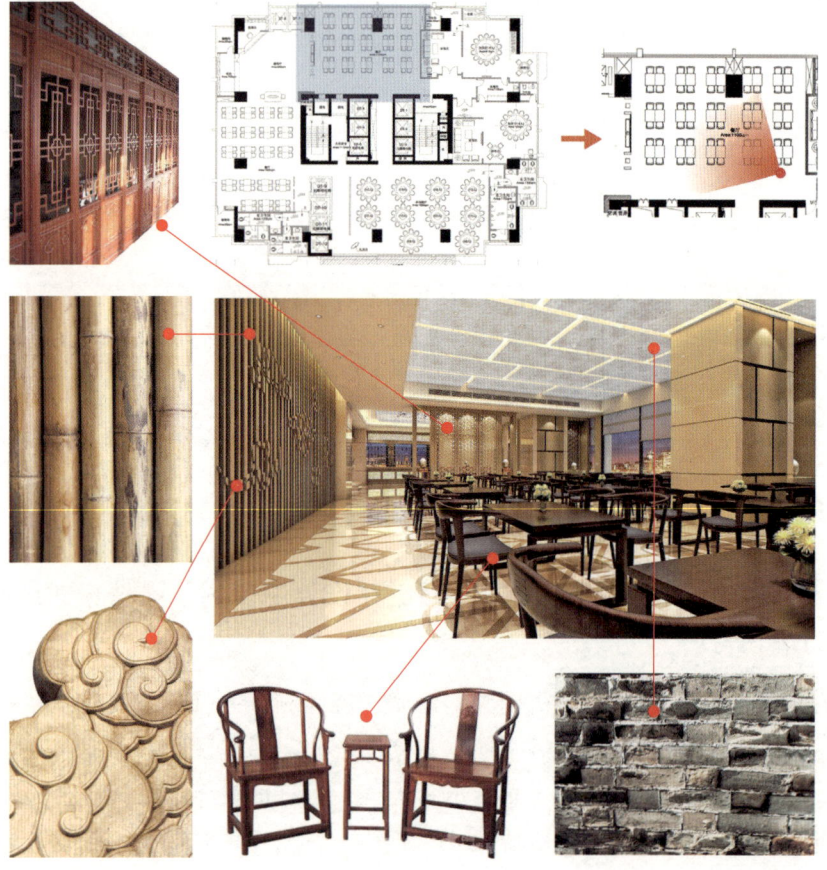

图1-2 餐厅大厅

在设计餐厅的门、窗、隔断等分隔空间的界面时，经常将古典图案进行抽象变形，形成新的形态，通过大小和比例关系的变化，提取几何形图案，既有装饰性，又可以提升新中式餐厅的文化气息。选用的材料适应现代的潮流，满足设计要求，取得较好的视觉效果。家具以深色为主，简洁大方。天花上有大面积的装饰性图案，地面设计选用石材，图案规则，整体就餐空间显得开扬大气，充分体现了中餐的就餐文化。

三、参观三层中餐厅包间设计，指出中式主题餐厅的包间有哪些特点（图1-3）

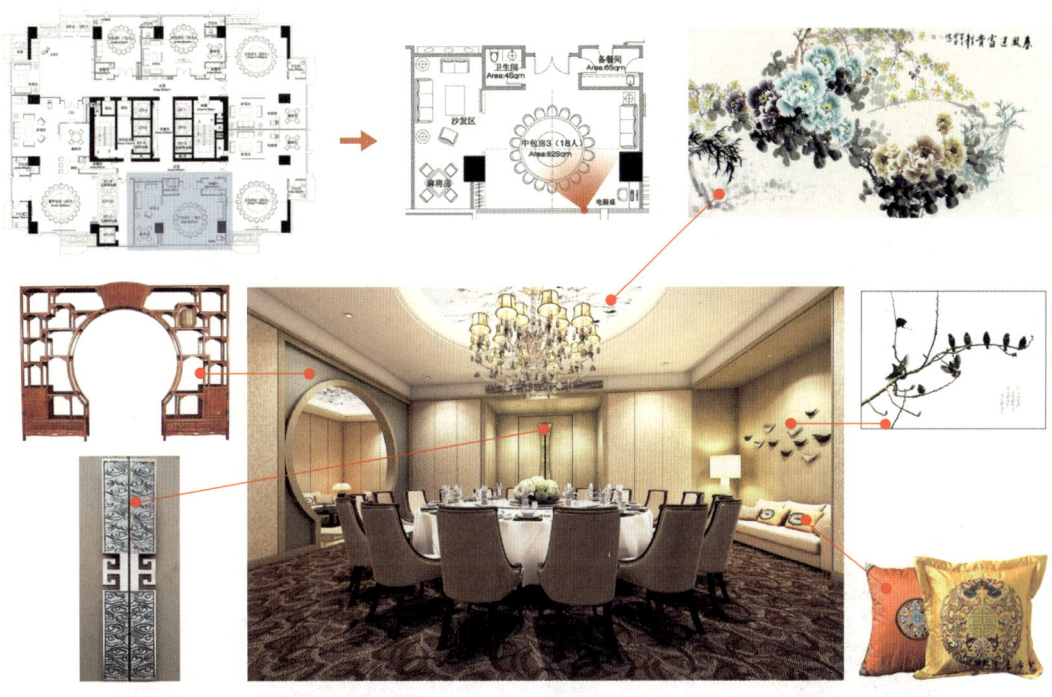

图1-3　包间

相对于就餐大厅设计的整体性，餐厅包厢的设计就以突出餐厅的特色和个性为主。用来围合餐厅的墙面，有些采用类似于半隔断的墙面，使包厢内部空间与外部空间有一定的联系和过渡，又兼顾了包厢私密性的需求，在需要隔绝视线的地方，使用中式的屏风或窗棂、简化的中式博古架进行间隔，再添加一些提炼过的中式元素，如文字、方格造型等，使整体空间的层次感更加丰富，体现了中国传统文化的魅力。

在色彩运用上，选择适合在餐厅使用的橙黄色，使食物的颜色显得更加自然。棕色古朴自然，大面积使用时，可以通过其他颜色的装饰或者灯光来调节，避免产生压抑感。红黄等高明度色彩可以作为小面积的点缀色，与其他的色彩搭配使用。白色和青色的运用，丰富了餐厅的色彩，使不同色彩之间有良好的过渡。

【学习支持】

一、主题餐厅的产生

以前,餐饮店只是人们填饱肚子、满足生活需求的服务场所,随着人们生活水平的提高,餐饮空间逐渐成为于人们增进交往、举办商务洽谈及各种宴会的地方。餐饮空间的设计在文化表达、材料选用、色彩处理、照明配置、家具选用等方面应满足特定的要求,从而创造出一个既舒适温馨又蕴含文化特征的就餐环境。选择合适的主题设计有以下的作用:

1. 有利于餐厅设计的风格、形象的定位;
2. 可针对顾客生活形态的特征去设计他们所需求的空间环境,满足顾客对餐馆环境的不同需要。

二、主题餐厅的构思

(一)地域风格主题餐厅

1. 中餐厅

这是常见的一种类型,遍布世界各地,在国内也会接触得很多。

(1)传统的类型

是以宫廷建筑为代表的中国古典装饰设计的艺术风格,造型讲究对称,色彩多用红、黄、金等色,装饰材料以木材为主,图案喜用龙、凤、龟、狮等,雕梁画栋,精雕细琢、瑰丽奇巧、气势恢宏(图1-4)。

图1-4 中式传统风格餐厅

（2）新中式风格

◆ 新地方主义

在充分了解建筑所处的地域、自然环境与人文环境的基础上，提炼该区域的风格样式、装饰图案、色彩、家具饰品等特征，既与当地风土环境相融合，又带有明显的时代特征（图1-5）。

图1-5　宁夏回族自治区石嘴山市君悦酒店主题餐厅

◆ 新乡土自然风格主题

由于大城市生活的紧张、拥挤和环境污染，人们向往能享受更多阳光、空气、鸟语花香的环境，这使崇尚自然的室内布置备受青睐，例如使用不加粉刷的砖墙面，带粗犷质感的木材，还有其他独特的建筑材料进行室内装饰，利用当地的传说故事等作为餐厅的主题元素，演绎出有别于城市生活环境的自然气息（图1-6）。

图1-6　自然风格的主题餐厅

2. 欧洲风情主题餐厅

欧洲风情主题餐厅又简称为西餐厅,是以领略西方饮食文化、品尝西式菜肴为目的的餐饮空间。我国的西餐厅主要以法式餐厅和美式餐厅为主。法式餐厅颇具代表性,注重营造宁静典雅、精致华丽的用餐环境,突出贵族情调。美式餐厅融合了各种西餐形式,具有现代特色(图1-7)。

图1-7　精致华丽的西餐厅

3. 亚洲风情主题餐厅

(1) 日式风情餐厅

日本作为东亚的一个岛国,其餐饮文化有自己鲜明的特点。日式风格餐厅一般分为动区和静区,即入口迎宾、换鞋为动区,而入座就餐、品尝美味则相对安静。为适应国内顾客的就餐习惯,餐厅中常见的连通包厢、卡座等在平面布局中也应该适当考虑(图1-8,图1-9)。

图1-8　日式风格餐厅1　　　　图1-9　日式风格餐厅2

模块1 主题餐厅装饰设计

（2）东南亚风情餐厅

东南亚诸国大多位于热带地区，因此以该地区风情为主题的餐厅，常选用热带植物，如鱼尾葵、仙人掌、大榕树、大椰树等，也用贝壳、海螺等作为装饰品，装修风格喜用木、竹、藤等材料打造，餐厅呈现出典型的热带风情（图1-10，图1-11）。

图1-10　东南亚风情餐厅1

图1-11　东南亚风情餐厅2

此外，南亚的印度，西亚的伊斯兰习俗的餐厅等也有很鲜明的地域特点（图1-12，图1-13）。即使是同一个地域的餐厅，由于着重的主题不同，也会呈现出不同的风貌，但其中蕴含的文化精髓是能顾客能够清晰辨认的。

图1-12　印度餐厅

图1-13　伊斯兰风格餐厅

（二）文化类型主题餐厅

根据文化类型分可分为音乐主题、美术主题、文学主题、卡通主题等。以卡通类为主题的餐厅主要是以迪士尼或者一些耳熟能详的卡通人物为造型元素，在餐厅中大量应用。如上海田子坊维尼熊主题餐厅，整个餐厅围绕着泰迪熊为主题进行装饰，在椅子造型、墙面的装饰柜、抱枕、照片、玩偶等陈设配置上，通过泰迪熊这一元素的反复出现来深化主题设计（图 1-14，图 1-15）。

图 1-14　上海田子坊维尼熊主题餐厅

图 1-15　田子坊维尼熊主题餐厅

【实践活动】

对给出的餐厅图片，能够说出该餐厅具体是哪种主题风格，并说明依据。

【活动评价】（表 1-1）

表 1-1

	评分项目	学生自评	小组评定	教师评分	平均分	总评分
评分细项 （100%）	主题辨认					
	风格特点					
签　名						

任务 2　功能区尺度调研

【任务描述】

> 通过调研，能辨认主题餐厅的各个功能分区，能说明各功能区的主要设计内容，能说明各功能区之间的空间组织关系，通过测绘，能记录主要功能区（公用区、餐饮区等）人体工程学常用的尺寸。

【任务实施】

一、辨认功能区域

根据二层中餐厅的平面布置图,辨认餐厅的各个功能区域(图1-16)。

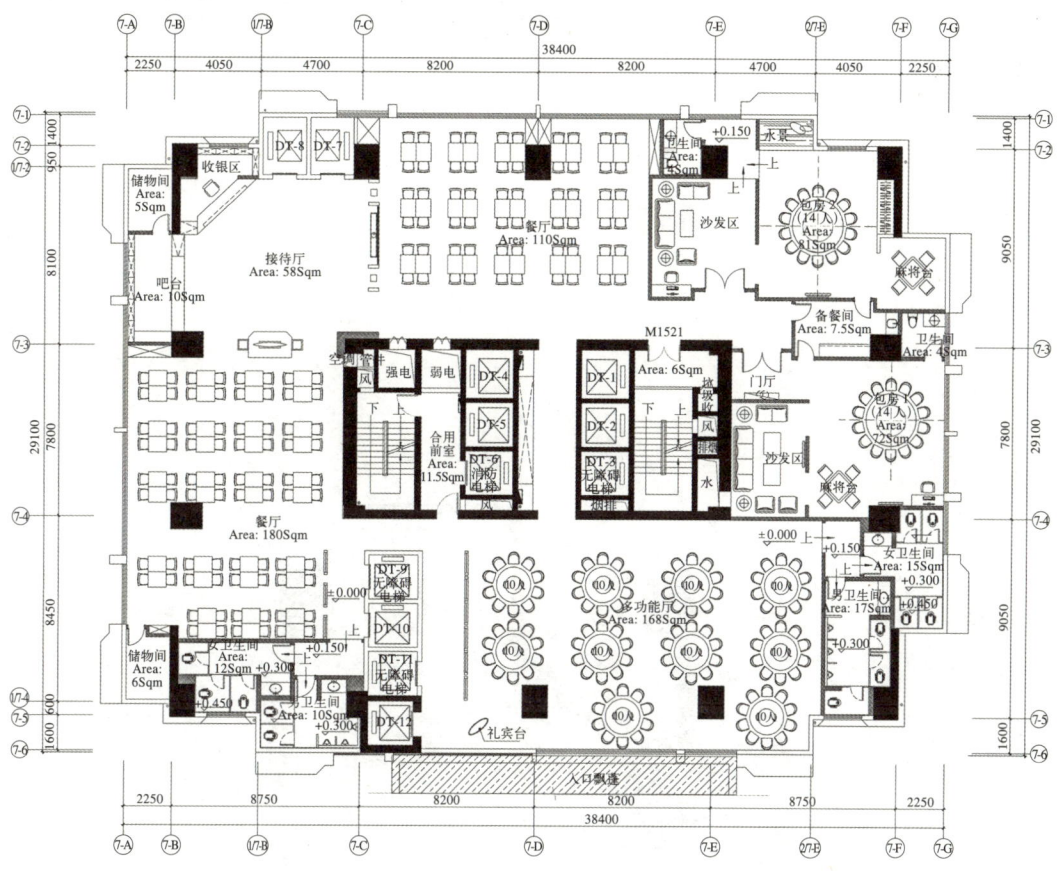

图1-16 二层平面布置图

从二层平面布置图中可以看出,除了电梯、疏散楼梯等交通空间以外,中餐厅部分包括了接待等候厅、就餐大厅、包间、公用卫生间等功能区域。

二、说明各功能区域的主要的设计内容,通过测绘,填写相关数据。

1. 接待等候区

接待等候区具备接待引导的功能,是顾客进入餐厅后所接触到的第一个区域。从餐饮经营服务的角度讲,它应该具有完善的功能、合理的容量、便捷的人流组织(图1-17)。

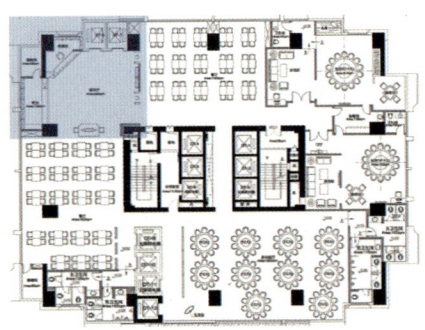

图 1-17 二层接待厅

通过测量，填写接待区平面布置图的相关尺寸（图 1-18）。

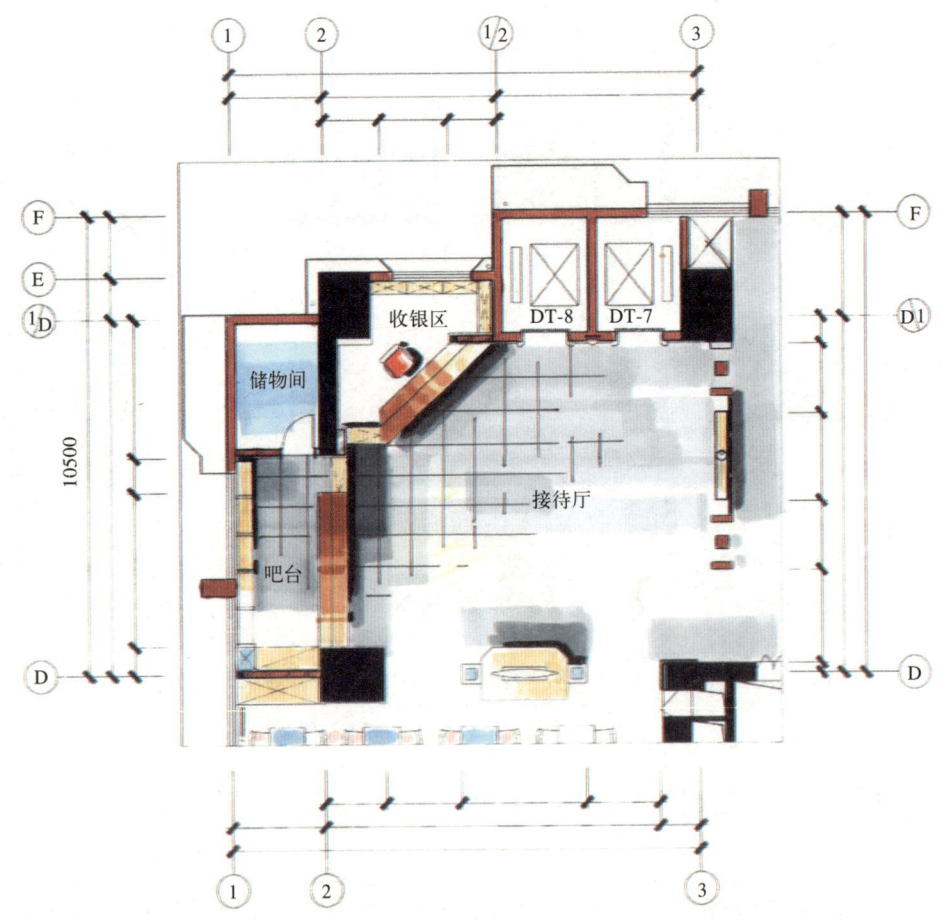

图 1-18 二层接待厅平面布置图

2. 二层就餐大厅

餐饮区是餐厅的主要营利场所，属于公共区域。通过参观二层中餐厅大厅的布置可以看出，餐饮区有其不同的座位布置形式。可以是 2 人座，4 人座，6～12 人座，以满足不同的就餐需要。不同单元之间的容量、尺度设置应考虑顾客就餐时的活动范围，以达到就餐时互不干扰，毗邻主要服务通道间的就餐单元，其布置形式需结合服务人员的上菜线路、服务方式进行综合考虑（图 1-19）。

图 1-19　二层就餐大厅

通过测量，填写就餐大厅平面布置图的相关尺寸（图 1-20）。

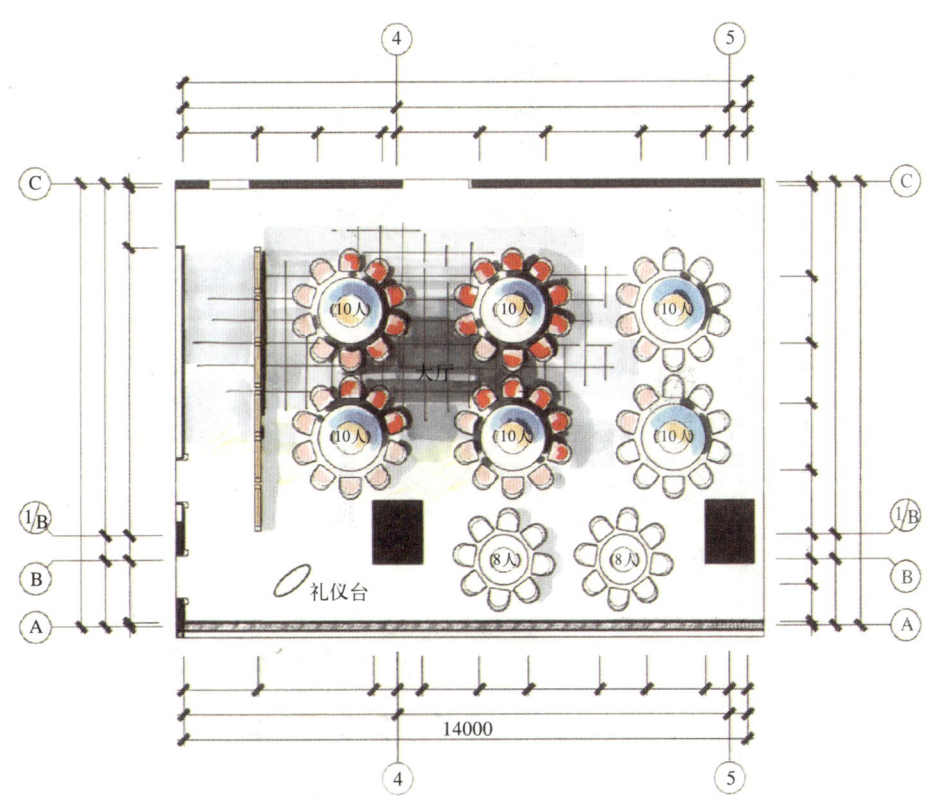

图 1-20　二层就餐大厅平面布置图

3. 包间

二层餐厅内设有一定数量的包间，包间除满足就餐需要外，还满足团聚、会谈、娱乐的需要，利用家具、隔断等把空间划分成用餐、会谈及娱乐等部分。通常就餐区一般选择 8 人以上，甚至可以布置一围多达 20 人的餐桌及餐椅；会谈娱乐区一般由沙发、茶几及电视柜等组成；另外可设置餐具柜等，高档的包间应设置专用备餐间。包间的设计应注重舒适性和艺术性，可以根据总体设计风格设置主题墙面，配置适宜的陈设品，并利用灯光、材质、色彩等烘托气氛（图 1-21）。

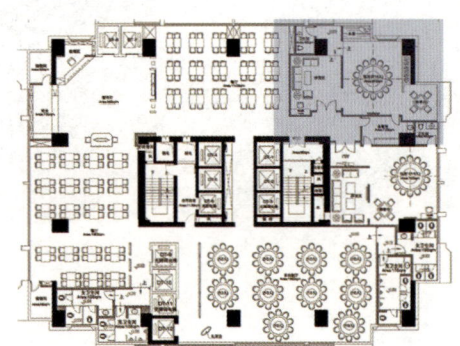 

图 1-21　二层包间

通过测量，填写包间平面布置图的相关尺寸（图 1-22）。

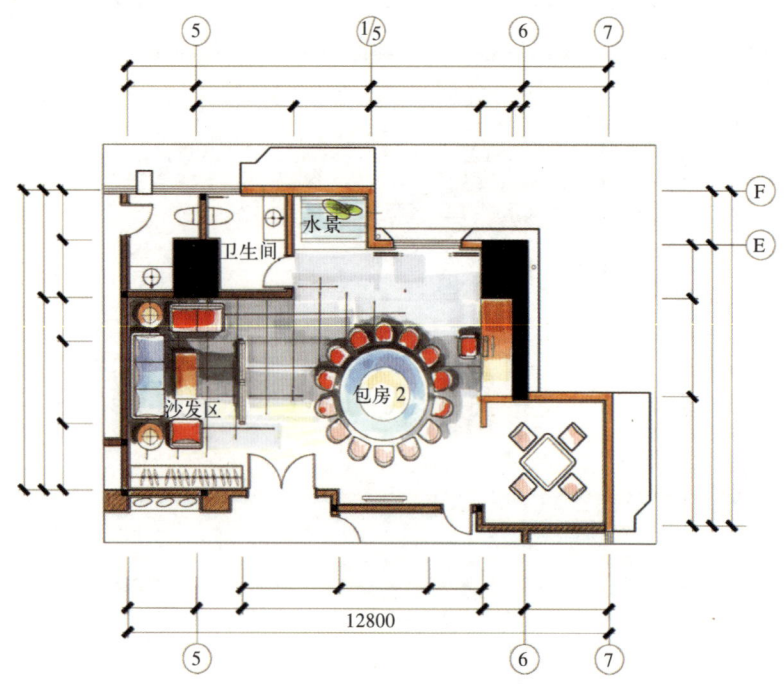

图 1-22　二层包间平面布置图

4. 公用卫生间

一般情况下，独立经营的餐厅无论其规模大小都应该设置公用卫生间。随着人们生活水平的提高，对于设计也提出了更多的要求，而不再只是把卫生间当作餐厅的附属区域进行简单处理，卫生间已成为整体设计中重要的组成部分（图1-23）。

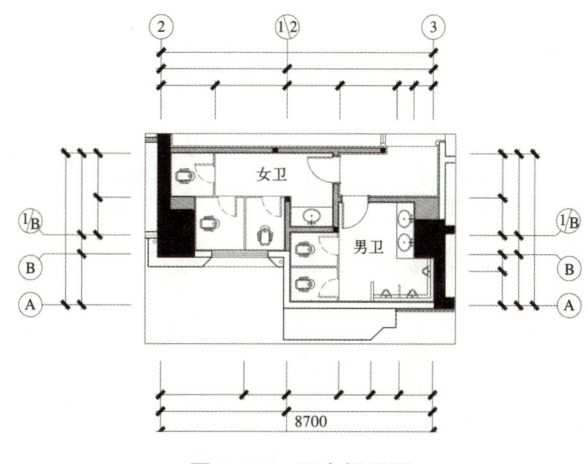

图 1-23　卫生间平面

5. 厨房

厨房是从事菜点制作的生产场所，属于后勤服务区域，由多个功能区域组成，如：储藏区、洗涤区、加工区、备餐区等，现在的厨房布置通常是由专门的公司来设计（图1-24）。

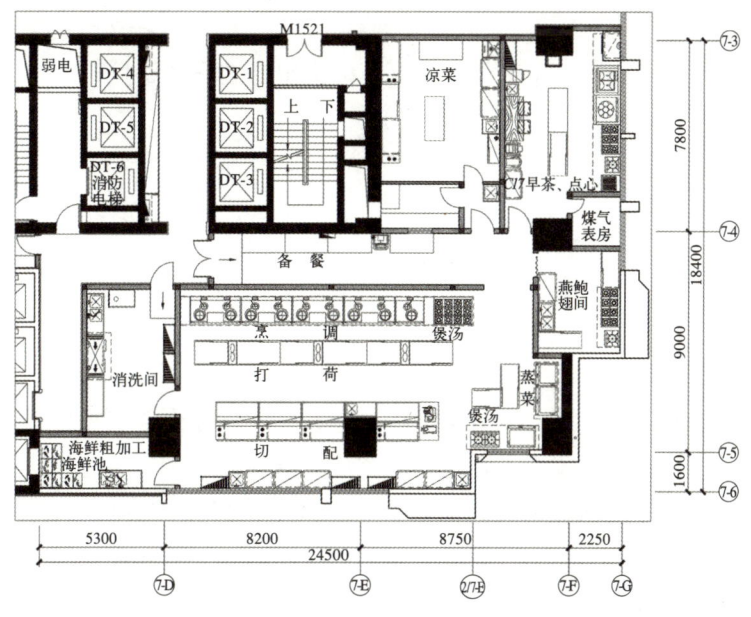

图 1-24　厨房平面布置图

【实践活动】

对于另外给出的一张餐厅平面布置图,能辨认接待等候区、就餐大厅、包间、公用卫生间及厨房等区域,能说明各功能区的主要设计内容。

通过测量,能正确填写相关平面布置图的尺寸数字。

【活动评价】(表1-2)

表 1-2

	评分项目	学生自评	小组评定	教师评分	平均分	总评分
评分细项 (100%)	接待区测绘					
	就餐大厅测绘					
	包间测绘					
	卫生间测绘					
签 名						

任务3 常用材料调研

【任务描述】

通过该任务的实践,学生能识别主题餐厅中常用的装饰装修材料。

1. 调研分析地面材料。
2. 调研分析墙面材料。
3. 调研分析天花材料。

【任务实施】

一、识别地面材料

地面材料的选用首先要满足使用功能,比如餐厅大堂地面与厨房地面就应该选用不同的地砖。厨房、卫生间的地面主要是考虑经济实惠,耐油污,宜选用防滑性较好的陶瓷锦砖等,而就餐大厅的地面材料在满足基本功能的同时还应该结合餐厅的设计风格,有一定的装饰美化作用,比如可以选用大理石、花岗石、天然鹅卵石、青石板、人造石等,这些材料硬度好,有良好的抗压性,耐磨性也较好,再加上其表面有丰富的纹理,能很好地满足不同主题风格的需要(图1-25)。

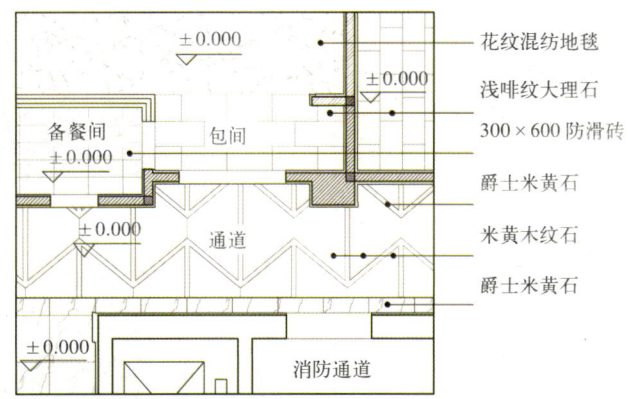

米黄木纹石，爵士米黄石

花纹混纺地毯，浅啡纹大理石

花纹混纺地毯

浅啡纹大理石

300×600防滑砖

爵士米黄石

米黄木纹石

图 1-25　就餐大厅的地面材料

二、识别墙面材料

墙面在界面中所占的面积大，因此材料的色彩、图案、质感，所在位置、大小尺寸等直接影响着人们对餐厅的视觉感受。除大理石、花岗石等材料外，还可选用砂岩、文化石、透光石、墙纸、涂料、工艺玻璃、镜面等。文化石质感丰富；仿古砖有多种颜色和图案；常用的木材薄木贴面板有各种花纹，可以索色；墙纸色彩多样，图案丰富。选择这些材料时，一定要与整个设计方案相协调（图 1-26）。

三、识别天花材料

餐厅吊顶常用的骨架材料有轻钢龙骨和铝合金龙骨。天花材料有纸面石膏板、矿棉装饰吸声板、铝扣板、铝塑复合板、PVC扣板等。不同的石膏板应用于不同的部位。如普通纸面石膏板适用于无特殊要求的吊顶；耐水石膏板适用于湿度较高的潮湿场所，如卫生间、更衣间等；吸声用穿孔石膏板能吸收声能，常用于有隔声要求的空间（图 1-27）。

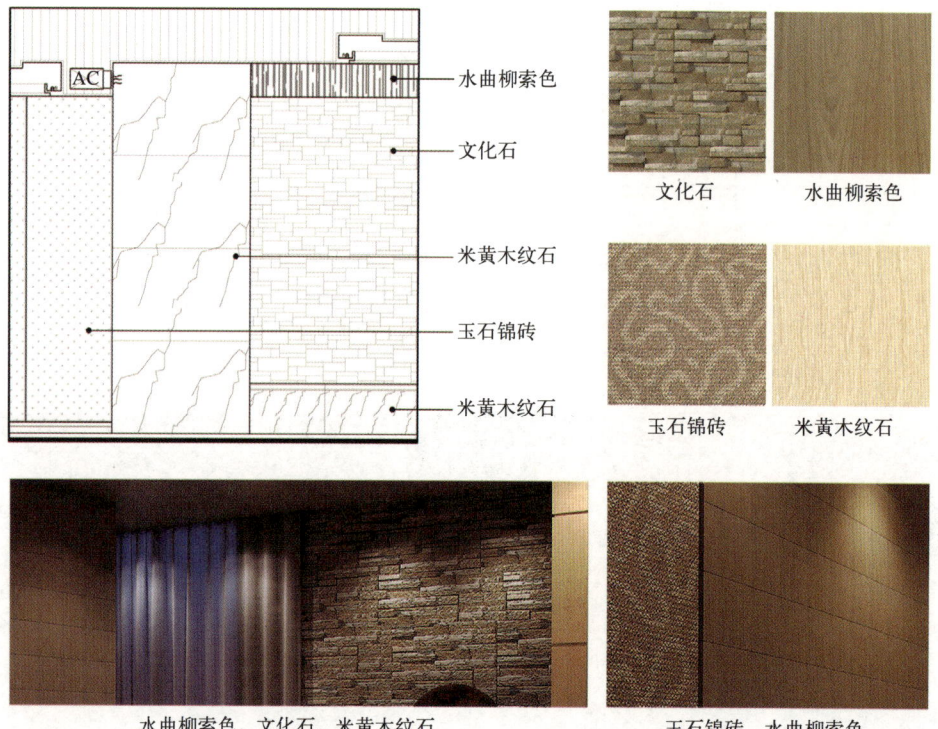

图 1-26　常用的墙面材料

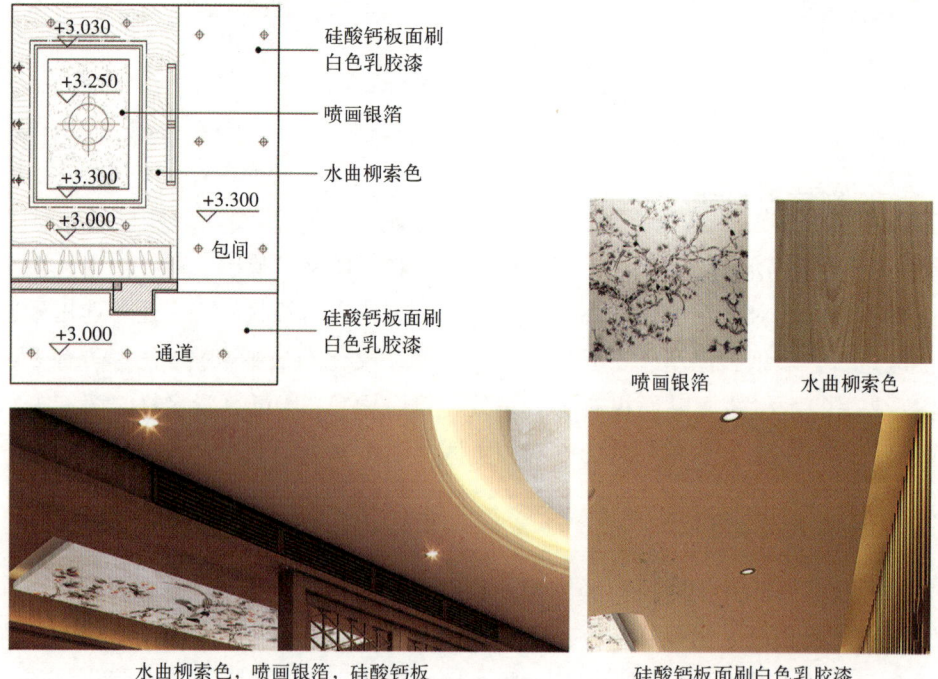

图 1-27　天花选用的材料

四、填写装饰材料调查表

参观四层接待厅,结合设计图纸,识别地面、墙面、天花常用的装饰材料(图 1-28)。

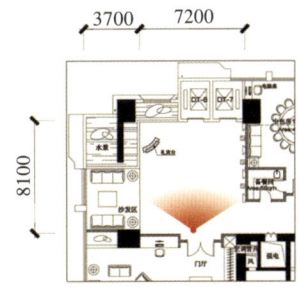

图 1-28 四层接待厅

(一)填写地面材料名称(图 1-29)

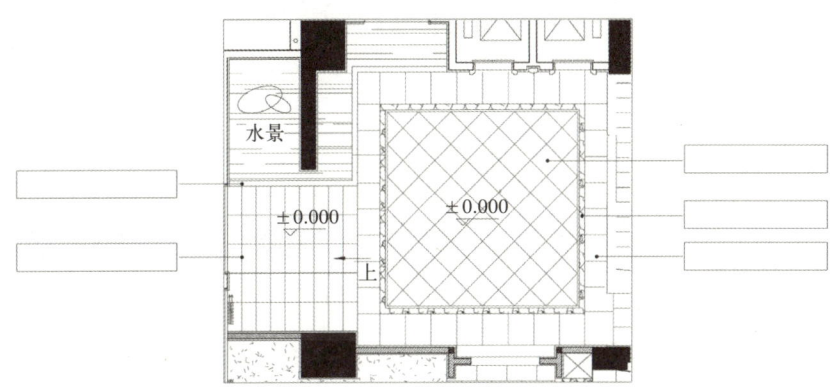

图 1-29 四层接待厅地面铺装图

(二)填写立面相关的材料名称(图 1-30)

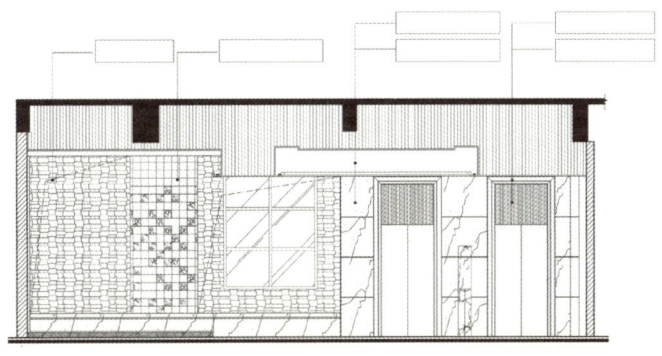

图 1-30 四层接待厅立面图

（三）填写天花相关的材料名称（图1-31）

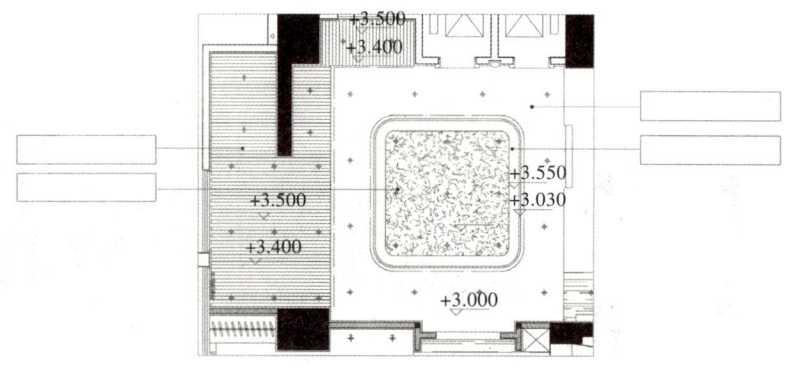

图1-31 四层接待厅顶棚平面图

【实践活动】

给出其他风格主题餐厅的图片，能说出相关地面、立面、天花的材料。

【活动评价】（表1-3）

表1-3

评分项目		学生自评	小组评定	教师评分	平均分	总评分
评分细项 （100%）	地面材料识别					
	立面材料识别					
	天花材料识别					
签 名						

项目2 主题餐厅平面设计

【项目概述】

通过给定主题餐厅的平面，学生能说出平面功能的分区，能绘制泡泡图；能记住各功能区常用家具、交通交往尺寸等相关人体工程学数据；能根据设计任务书要求绘制平面布置图。

任务1　平面功能分区

【任务描述】

通过该任务的实践，学生能说出餐厅的四大功能分区：公共区域、餐饮区域、辅助区域、厨房区域，知道几大功能区之间的关系，能绘制泡泡图。

【任务实施】

一、布置设计任务书

（一）设计要求

按照所附主题餐厅平面图（图1-32），运用室内设计原理，完成平面布置图、天花布置图、（剖）立面图、构造详图、室内外效果图等图纸的绘制。

（二）设计概况

1. 本项目位于繁华商业街，可根据自己所构思的餐厅经营特点和建筑风格确定餐厅名称。

2. 平面及周边环境见图1-32，门在墙面上的位置可改。

3. 结构：框架，层高4m，梁高500mm。

（三）设计内容

1. 功能配置要求

（1）公共区域：门厅、休息等候、收银服务台、公共卫生间等。

（2）餐饮区域：根据餐厅经营特点分散座、卡座、2间包间（均设卫生间）、吧台。

（3）辅助区域：

◆ 工作人员卫生间、淋浴、更衣、休息间，根据功能需要可组合设计。

◆ 经理办公室

2. 设计方案要求主题明确、平面布局合理、使用方便、避免流线交叉。

3. 图面表现清晰完整。

（四）图纸规格与内容

A2文本，图面整洁规范，构图饱满，符合国家制图规范。

1. 平面布置图：1∶50。

2. 顶棚平面图：1∶50。

3. 室外立面图：1∶50。

4. （剖）立面图（4个）：1∶30～1∶50。

5. 效果图（3幅）：店面、内部空间手绘彩色效果图，能表达设计意图和意境，画面完整，表现手法不限。

6. 设计说明：100字左右。

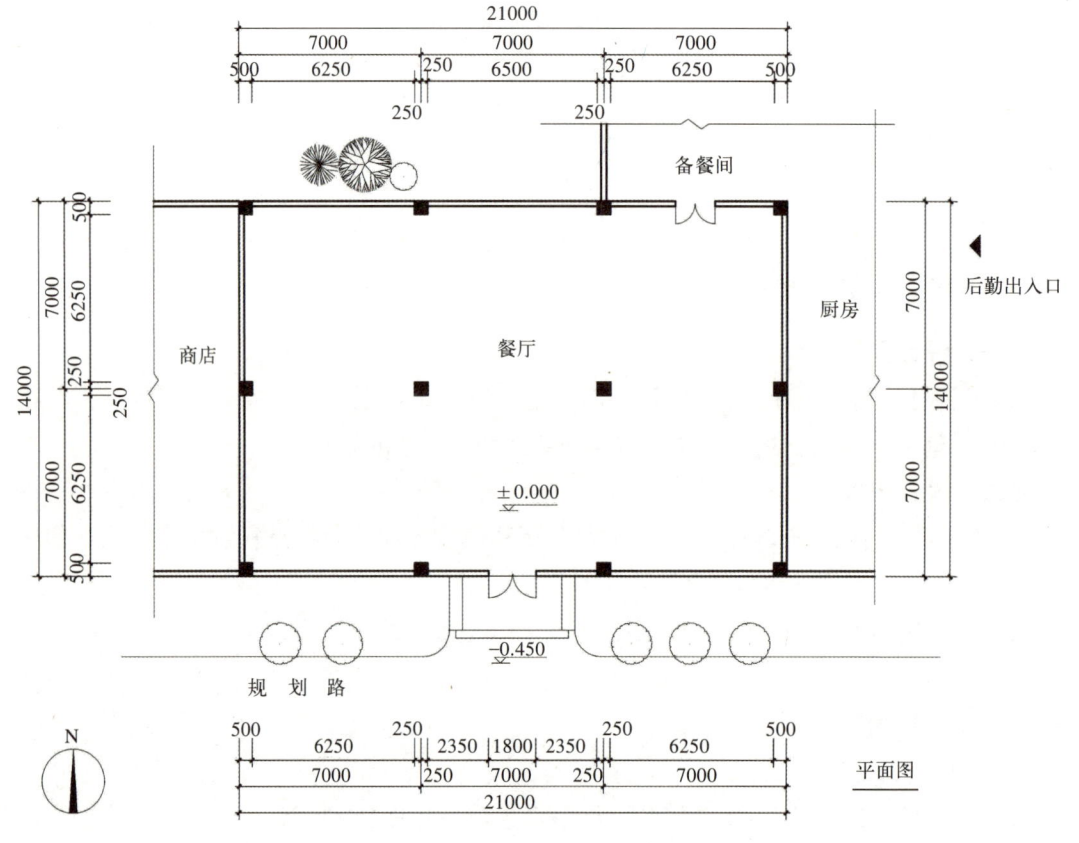

图 1-32 任务书平面图

二、教师讲解示范案例

（一）平面功能区域划分

根据我国现行《饮食建筑设计规范》的要求，从顾客与管理的角度将餐厅分为公用区、餐饮区、厨房区和辅助区四个大的区域。

1. 公用区设计内容：门厅、过厅、休息室、洗手间、厕所、收款处、外卖窗口等。

2. 餐饮区设计内容：散座、卡座、包间、吧区。

3. 厨房区设计内容：

◆ 主食加工间：主食制作间和主食热加工间。

◆ 副食加工间：粗、细加工间、烹调热加工间、冷荤加工间等。

◆ 备餐间：主、副食备餐、冷荤拼配等。

- 食具洗涤消毒间与食具存放间。
- 烧火间。

4. 辅助区：各类库房、办公用房、工作人员更衣、厕所及淋浴室等。

图 1-33 是平面功能区域各组成部分的示意图。

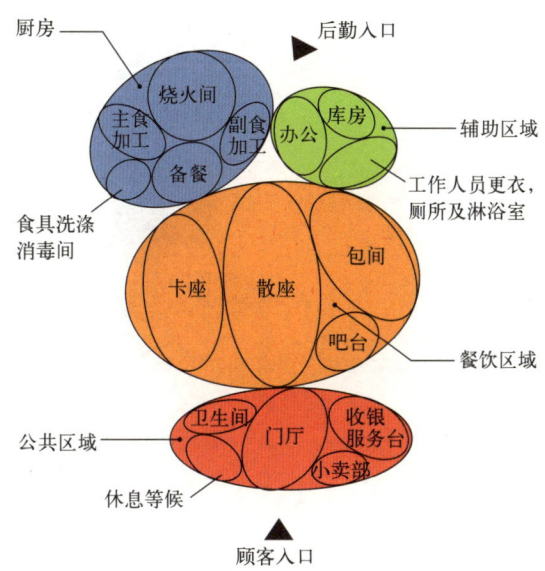

图 1-33　平面功能分区示意图

（二）绘制平面气泡图的步骤

1. 把门厅、接待等区域放在主入口的附近（图 1-34）。

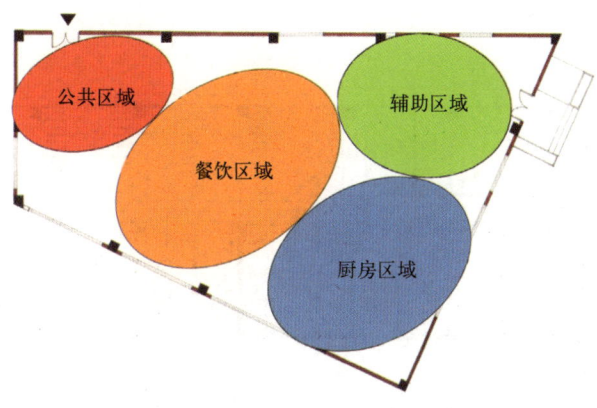

图 1-34　确定四大区域的位置

2. 把办公、工作人员更衣、厕所及淋浴室等辅助区域用房放在后勤入口的附近。
3. 把备餐间设在厨房和餐饮区域的连接部分。

4. 根据平面功能示意图在四大区域中再分别确定相关功能区域的位置（图1-35）。

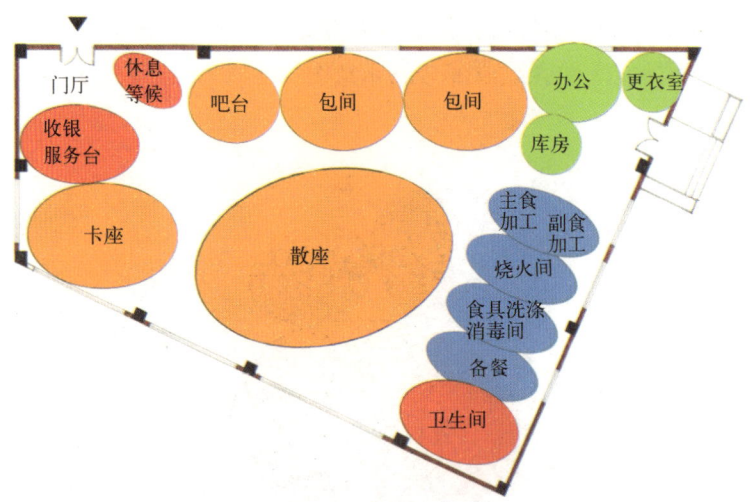

图1-35　划分每个区域的内容

（三）流线设计

1. 顾客流线

顾客流线是指顾客从入口处前往散座、卡座区就餐及用餐完毕后离去的动线，其活动范围主要集中在门厅、候餐区、餐饮区、卫生间四个功能区域，顾客流线的处理应考虑门厅与餐饮区之间的距离和方向，两者距离不能太远，并且连接两者的交通走道应直接便利，不能左弯右绕，尽可能缩短就餐路线（图1-36）。

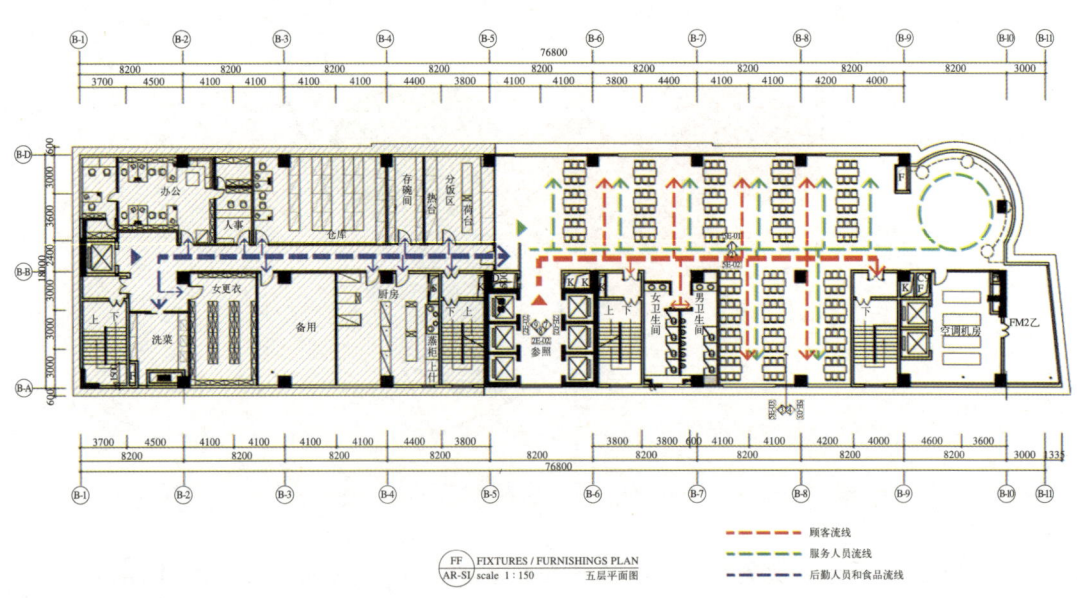

图1-36　餐厅的三种流线

2.服务流线

服务流线是指餐厅服务人员为顾客提供餐饮服务的行为动线,分为三种,即餐前引导顾客候餐或就餐入座的行为动线;在就餐过程中为顾客提供点菜、上菜及更换餐具、餐巾等相关服务的行为动线;用餐完毕后,代顾客结账、取物及收拾餐具、更换桌布、处理垃圾等物品的行为动线。备餐间与散座、卡座区之间的距离应尽可能缩短,保证通道便利顺畅,避免服务流线与顾客流线的交叉,防止交通阻塞。顾客出入口与工作人员出入口宜分开(图1-36)。

在图1-37所示的平面方案设计中,就餐大厅与后勤服务区域之间用低矮的栏杆相隔,导致顾客去卫生间的流线(红色)很长,和从备餐间出来的送菜流线(黄色)交叉,从门厅进入就餐大厅的通道狭窄,去包间和去大厅的顾客,送餐的服务人员聚集在这里,导致人员拥挤。

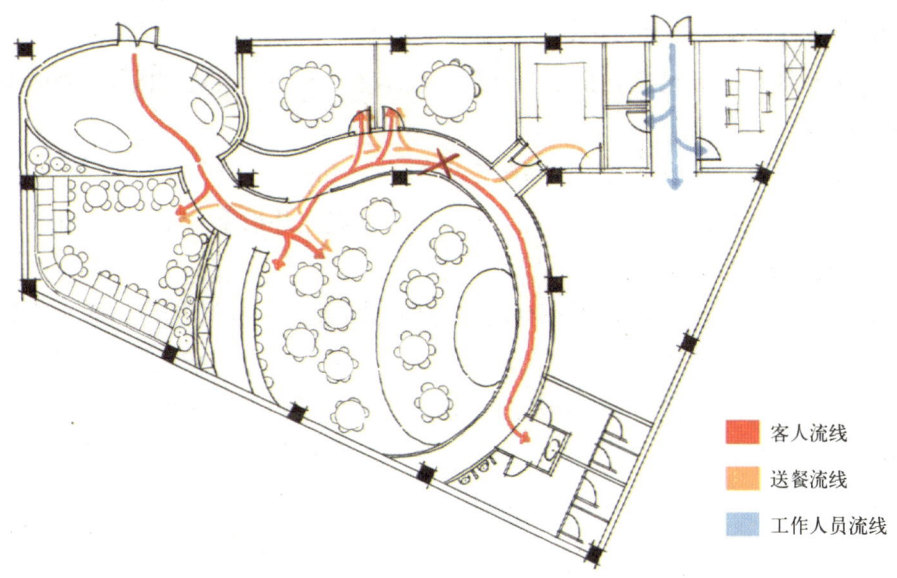

图1-37 不好的流线设计

餐厅内应进行主、次通道的划分,其主通道的容量应考虑用餐高峰期间的顾客流量与服务人员流量,按人流并行计算,每股人流宽60cm,这一数据是按照我国成年人的肩宽参数加相应活动余量所测量得出的;而对于使用手推车进行服务的餐厅,其通道宽度应为手推车活动尺度与所需人流股数尺度之和。一般情况下,主通道的最小宽度也应为两股人流并行时的尺度,以满足顾客相互间边走边谈的需求。对于散座区与卡座区内部的次通道来说,其位置一般应位于两者之间的边界处,并且散座区内部也应留有相应的通道,以使服务人员可以便利地提供服务,其容量尺度最小也应满足单股人流的通行,并且通道方向的设置应考虑顾客去卫生间的便利性(图1-38)。

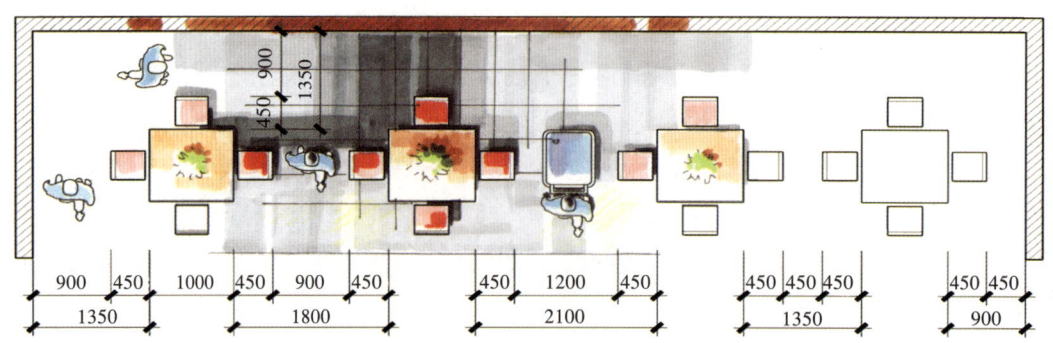

图 1-38 通道尺寸

《饮食建筑设计规范》JGJ 64-89 第 3.2.2 条中有以下规定：餐厅与饮食厅的餐桌正向布置时，桌边到桌边（或墙面）的净距应符合下列规定：

1. 仅就餐者通行时，桌边到桌边的净距不应小于 1.35m，桌边到内墙面的净距不应小于 0.90m；

2. 有服务员通行时，桌边到桌边的净距不应小于 1.80m，桌边到内墙面的净距不应小于 1.35m；

3. 有小车通行时，桌边到桌边的净距不应小于 2.10m；

4. 餐桌采用其他型式和布置方式时，可参照前款规定并根据实际需要确定。

（四）空间构思的方法

在餐饮空间设计中，一般将中心空间作为构思的重点，易于突出主题，形成气氛，集中式空间组合是餐厅常用的空间组合形式，通过主导中心空间来组织次要空间。可以先确定中心区域，加强平面布局的向心性，起到统领全局的主导作用，将次要空间做成形式不同，大小各异，功能也各不相同的若干区域，如小餐厅、雅座等，布置在中心区域的四周，采用不同的处理手法，例如雅座区强调围合感，安静舒适，与大厅散座之间用各种或实或虚的矮隔断分隔，空间相互渗透。交通流线为环状与辐射状相结合，十分便捷（图 1-39）。

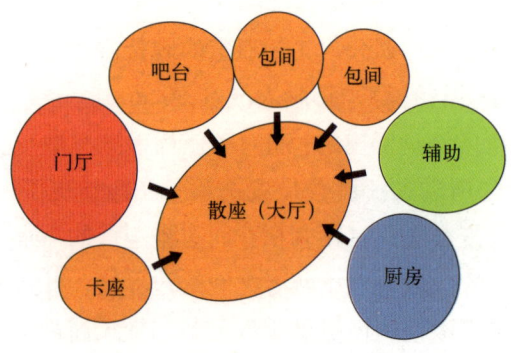

图 1-39 通过主导中心空间来组织次要空间

【学习支持】

一、运用平面布局来表现餐厅主题

在满足餐厅使用功能的前提下，我们可以运用平面布局来表现主题。这是构思的开始，首先我们需要明确设计的就餐环境是典雅大方的，还是灵动欢快的，是需要内敛安静的，还是需要跳跃个性的。例如广州花园酒店的荔湾亭餐厅，以"一湾溪水绿，两岸荔枝红"西关风情为主题，运用特有的元素，如西关大屋，麻石街路，荔枝、榕树、河涌驳岸、花艇、荷塘紫洞艇等，以移植、借景、对衬、寓意等手法体现泮塘野趣的荔湾风情，平面采取自由式布局的形式（图1-40，图1-41），根据使用要求灵活划分出若干就餐区，以满足顾客群的不同需要，这类布局方式常借鉴园林处理手法进行空间分隔和装饰。

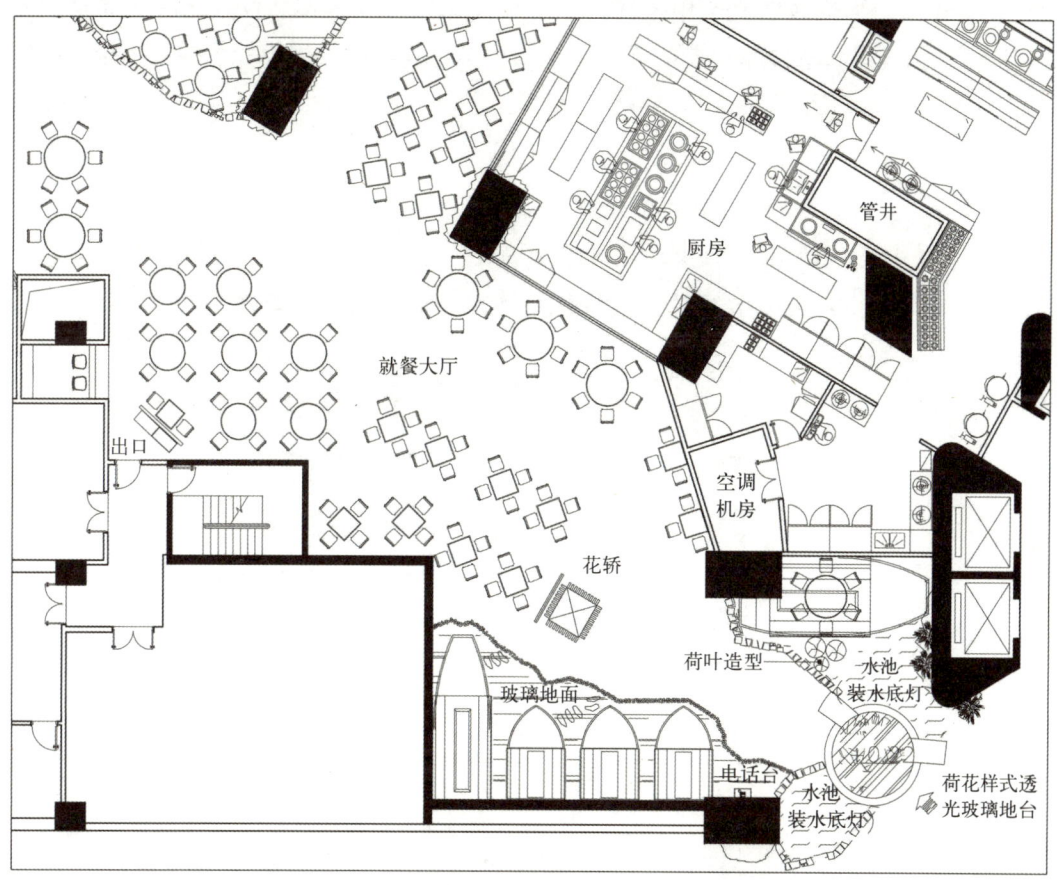

图1-40　广州花园酒店荔湾亭餐厅平面布置图

图 1-41　广州西关花艇造型

二、中餐厅的平面布局如果采取对称式布局，一般是在较开敞的大空间内整齐有序地布置餐桌椅，形成较明确的中轴线，尽端常设礼仪台或主宾席位。这种布局空间开敞、场面宏大，易形成隆重热烈的气氛，多用于宾馆内餐厅或规模较大的餐馆接待团体宴席。（图1-42，图1-43）。

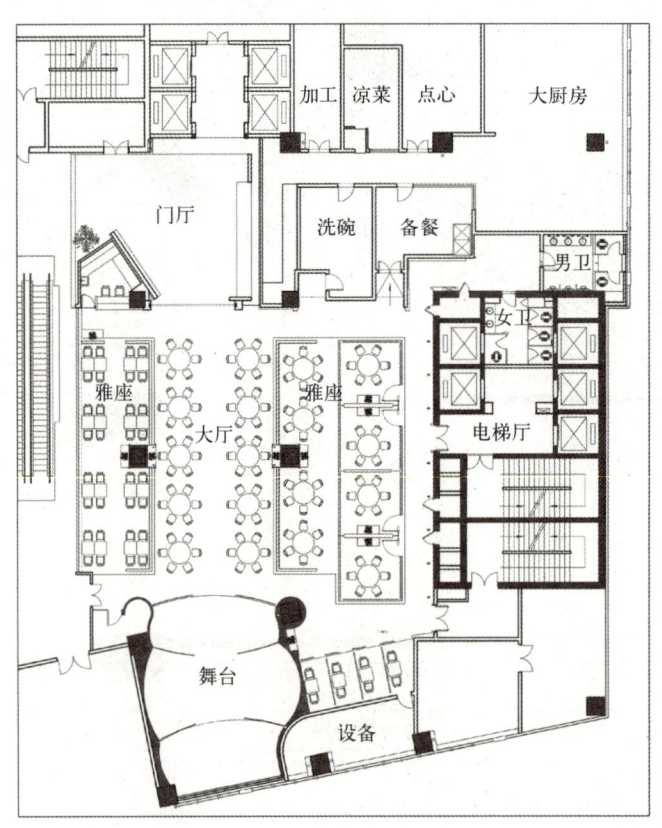

图 1-42　广州华府中餐厅平面

图 1-43 广州华府中餐厅

三、西餐厅注重用餐的私密性，布局应注意餐桌间的距离，并可以使用多种空间分隔限定处理手法来加强用餐单元的私密感。如利用地面和顶棚的高差变化限定空间、利用沙发座的靠背等分隔空间、利用各种形式的半隔断及绿化等分隔空间、利用灯光的明暗变化营造私密感等（图1-44，图1-45）。造型优美的钢琴是西餐厅中必不可少的元素。钢琴不仅可以丰富空间的视觉效果，而且优雅的琴声可以构成西餐厅的背景音乐。在规模较大的高档西餐厅中，甚至经常采用抬高地面或局部吊顶造型等方法使钢琴成为整个餐厅的视觉中心。

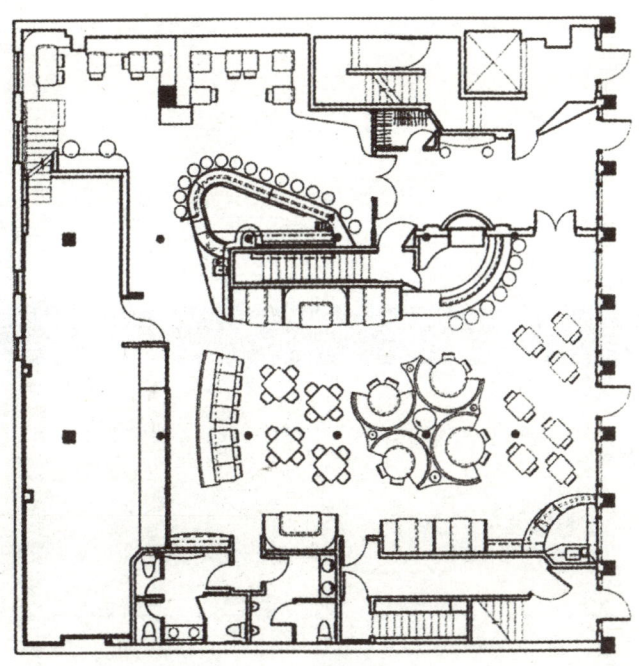

图 1-44 西餐厅平面

图 1-45 西餐厅内景

【实践活动】

1. 熟悉任务书要求,依据功能分区绘制泡泡图。
2. 绘制流线分析图。
3. 徒手勾画草图,确定主要功能分区。

【活动评价】(表 1-4)

表 1-4

	评分项目	学生自评	小组评定	教师评分	平均分	总评分
评分细项(50%)	气泡图					
	流线图					
草图绘制(50%)						
签名						

【知识链接】

人的行为习性，是指人们在日常生活或社会活动中所表现出的行为惯性，是大多数人都存在的某些共性。考虑人的行为习性是合理设计餐饮空间流线的重要依据。

1. 左转弯

在公共空间观察人的行为路线，其左转弯的情况明显比右转弯要多，这对于疏散楼梯的处理很具有意义，当下楼时构成左向回转的方式，则具有安全感并感到方便。

2. 捷径效应

指人们在穿过某一空间时总是尽量采取最简捷的路线。因此，在餐饮空间流线设计时，应尽量考虑顾客流线、服务流线的直捷性与便利性，避免过长或曲折的通道。

3. 趋光性

人们在室内空间具有向光的习性，运用光线方向和强度变化可以起到引导与组织人流的作用。

任务2　布置平面图

【任务描述】

通过对餐厅公共区域、餐饮区域、辅助区域常用家具、设备及交通交往尺寸等相关人体工程学数据的学习与分析，能绘制餐厅平面草图。

【任务实施】

一、布置任务

在平面气泡图、流线图的基础上，进一步完善功能分区、交通流线、家具布置等内容，进行多方案的比较与推敲，确定平面布置草图。

二、教师讲解示范案例

【学习支持】

一、公共区域

入口门厅可设置迎宾（服务）台、顾客休息等候区、餐厅特色简介、装饰小景等，是顾客从外面进入餐馆的缓冲部分。顾客在等候时应有坐的地方，可以预览菜单等。在空间处理上，要发挥其作为交通枢纽在引导、分散、组织人流方面的作用，可采用循序渐进、欲扬先抑等手法，局部墙面重点装饰，引起关注，给客人留下深刻的印象。一般可利用灯光、绿化、小品、店名店标等突出个性，营造气氛（图1-46，图1-47）。

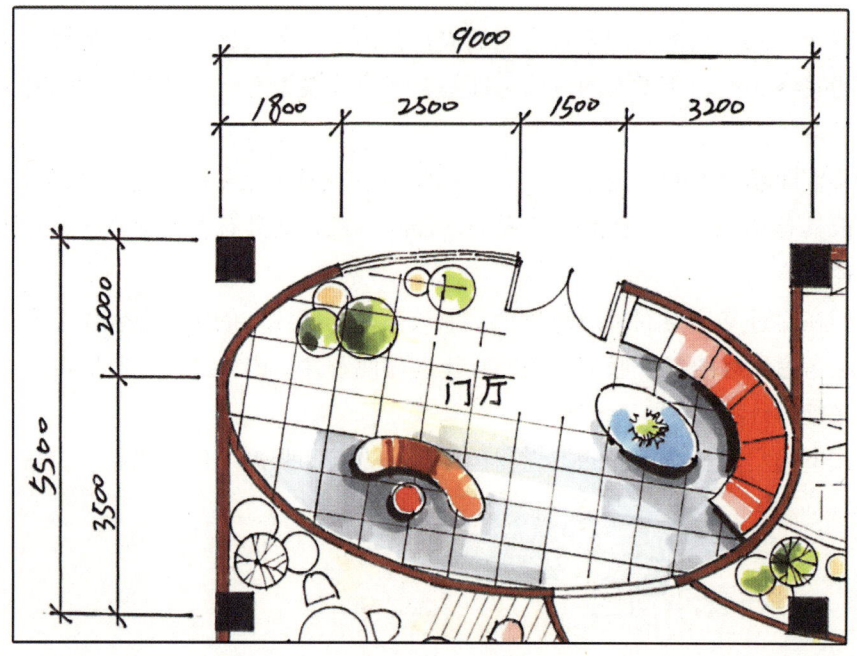

图 1-46 门厅平面图

图 1-47 门厅效果图

二、就餐大厅

1. 散座

散座是指用以满足大量零散客人需要的就餐空间，其容量、尺度设置应考虑顾客就餐时的活动范围，就餐时互不干扰。在不同类型的餐饮空间中，散座区的布置有不同的要求，例如在休闲类如茶室、咖啡厅，可设表演舞台，四周布置散座，以满足客人的观演需求。西餐在就餐时强调私密性，散座区面积就不宜过大。

中餐常见桌椅尺寸见图1-48。

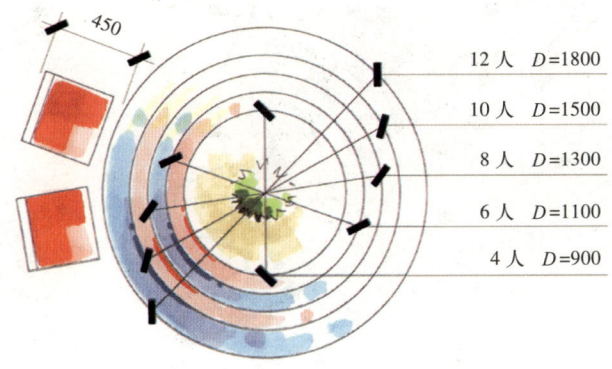

图1-48　中餐常见桌椅尺寸

西餐最大的特点是分餐制，菜肴不是放在桌子中央，而是由服务生分到个人的餐盘中。用餐过程中，杯、盘、刀、叉种类繁多且有讲究。因此，西餐厅可选择长方桌，也可使用方桌、沙发座等。餐椅或沙发应选择具有欧式风格特色的家具（图1-49）。

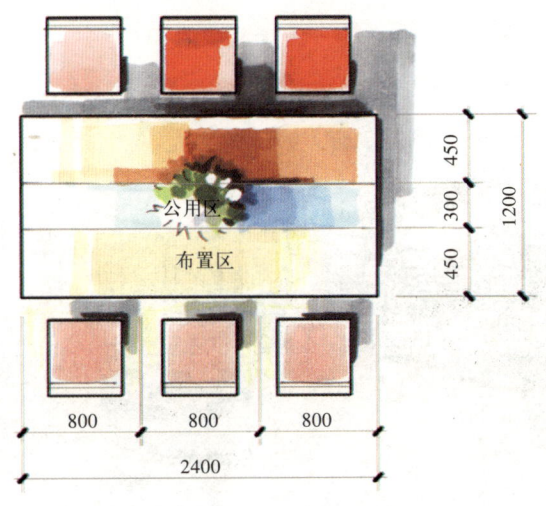

图1-49　西餐常见桌椅尺寸

根据常见桌椅的尺寸数据，对图1-39所示的平面方案进行修改，缩短就餐大厅与后勤服务区域之间低矮栏杆的长度，增加顾客去卫生间的通道，避免和从备餐间出来的送菜流线交叉，加宽从门厅进入就餐大厅的通道尺寸，避免人员拥挤（图1-50）。

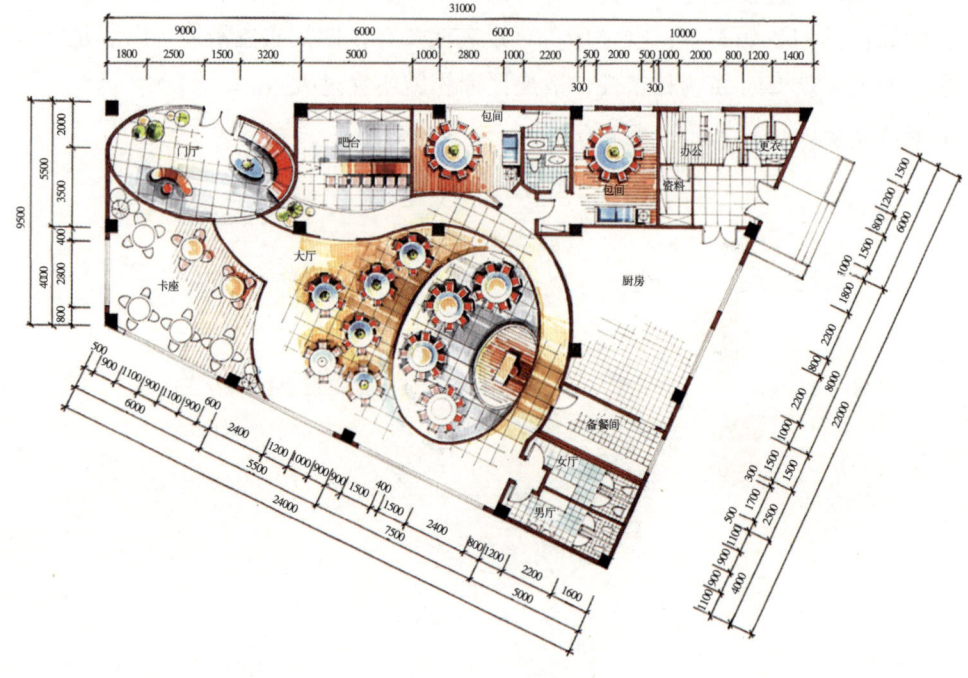

图1-50　平面布置图

选择合适的角度，绘制就餐大厅的效果图（图1-51）。

图1-51　大厅效果图

2. 卡座

卡座亦称雅座、情侣座、车厢座等，用于满足情侣客人和部分散客就餐时尽端趋向的心理需求。卡座的表现形式有很多种，如：使用高靠背的弧形、U形沙发，利用地台、隔断、软装饰等，形成半包围结构的就餐单元，从而营造出一种私密、幽雅的氛围。从平面布局上来看，卡座常分布于餐饮区的边角部位，一般布置在窗边，还兼具观景的作用。在西式与休闲类的餐饮空间中，卡座的布置数量可适当增多，而在中式餐饮空间中，就餐的顾客多为群体，为突出喜庆、热闹的氛围，卡座数量可适当减少，增加大厅散座（图1-52、图1-53）。

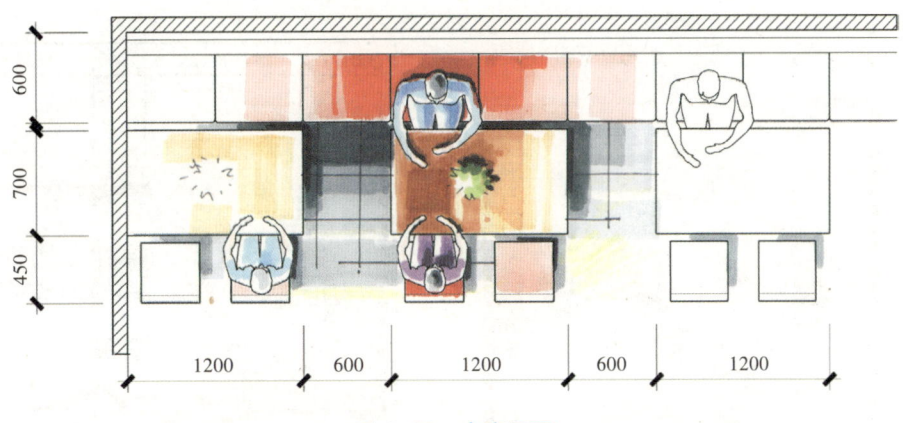

图1-52　卡座平面

图1-53　西餐厅的卡座区域

3. 包间

包间是指相对独立的封闭式区域，满足 4 人以上顾客的用餐需求，具有一定的私密性。包间除具有满足用餐的功能需求外，还应具有置放物品、会谈、休息、备餐等功能（图 1-54，图 1-55）。包间应使用隔声的材料，避免干扰。包间的门不要相对，应尽可能错开，VIP 包间顾客的出入口与其备餐间的出入口应分设，使顾客通道与服务通道相分开，避免顾客流线与服务人员流线的交叉。可考虑利用各种活动的分隔方式，设置部分既可独立又可组合的包间，当群体顾客人数较少时可以分成独立的包间进行使用，而当群体顾客人数较多时可以组合在一起，以解决不同的用餐需求（图 1-56，图 1-57）。

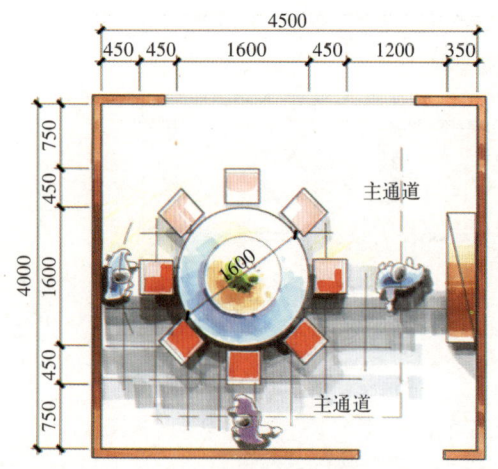

图 1-54　功能简单的包间设计

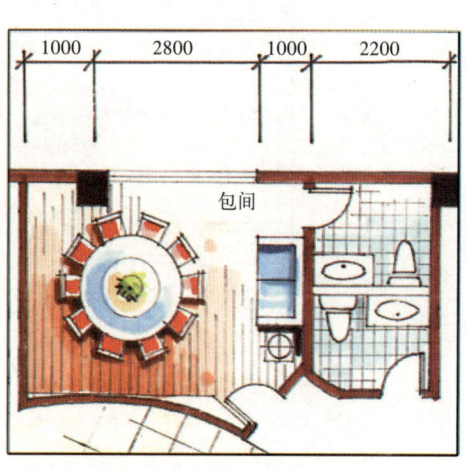

图 1-55　包间平面

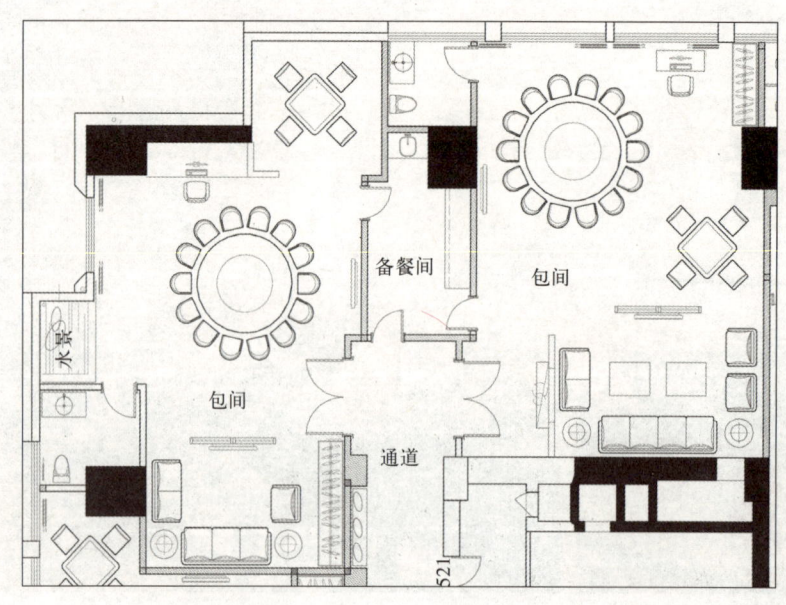

图 1-56　有备餐间的包间

图 1-57　包间效果图

4. 吧台

吧台（酒水柜台）的形式有直线形、O 形、U 形、L 形等（图 1-58）。前吧由顾客用餐饮台和调酒用操作台组成，高 1000～1100mm，餐椅是高脚凳，凳面高度比吧台面低 250～350mm，后吧由酒柜、装饰柜、冷藏柜等组成，是酒吧空间的视觉中心，通常上部作重点装饰，下部做储藏柜。前吧与后吧之间的距离不应小于 950mm。吧区除设吧台席外，通常还设置一些 2～4 人的散座，桌子较小，座椅造型随意，常采用舒适的沙发座形式（图 1-59，图 1-60）。

图 1-58　吧台区域

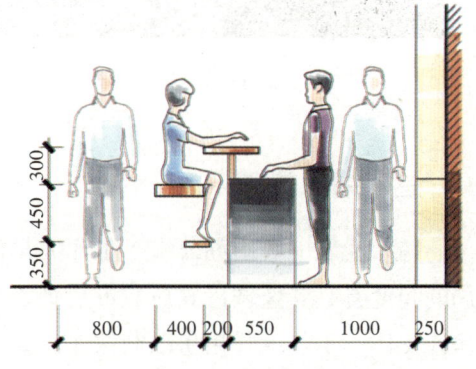

图 1-59　吧区相关尺寸

图1-60 地中海风格的吧区设计

5. 其他就餐空间

咖啡，酒吧，小吃等形式的桌椅要求没有正餐严格，桌子尺寸可略小，座椅形式也可选用沙发等（图1-61，图1-62）。

图1-61 休闲座椅1　　　　　　　　　图1-62 休闲座椅2

三、辅助部分

辅助区域一般由办公室、工作人员使用的更衣室与卫生间等房间所组成。从平面布局的角度看，其区域设置应靠近后勤入口和厨房，便于工作人员清洁更衣后，再进入厨房区工作。工作人员用房以简洁实用为主，其位置的设置应考虑到使用上的便利性，相对独立隐蔽，保证洁污分区（图1-63）。

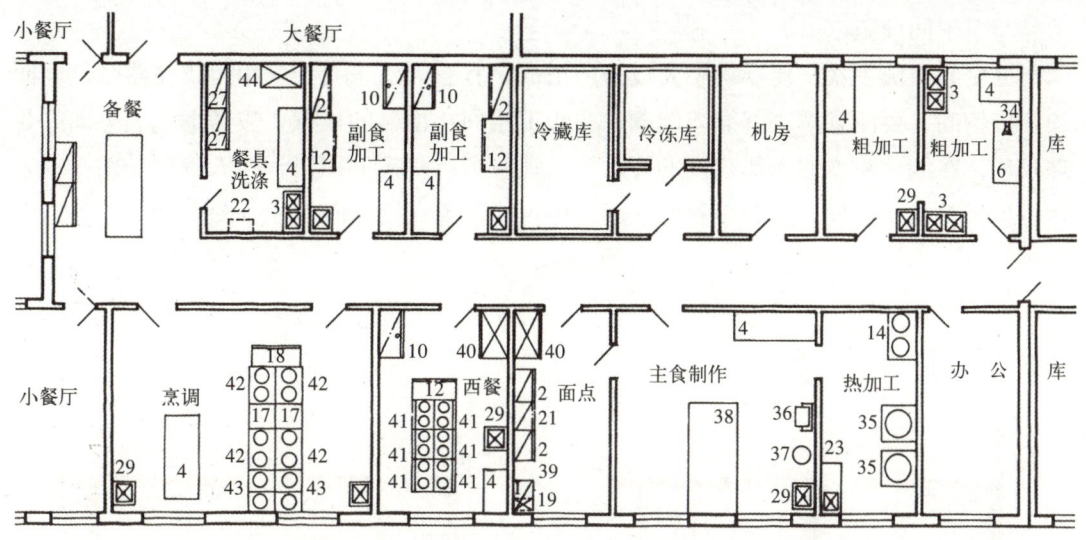

图 1-63 辅助区域的平面布置

四、卫生间

1. 卫生间位置

卫生间一般应设在靠近餐饮区的边角部位或隐蔽部位，并与就餐区有所分隔。卫生间与备餐间的出入口不应相邻，避免与主要服务的流线交叉。员工用与顾客用卫生间要分开设置，不能合用。餐饮区与卫生间之间要有通畅的公共走道与之相连接，卫生间的出入口位置要相对隐蔽，避免就餐的顾客直接看到，同时位置明确，便于寻找。可采用图案、文字等室内标识的方法来指示卫生间，醒目美观，与餐厅的就餐环境相一致，突出个性化的特点（图1-64，图1-65）。

图 1-64 卫生间指示牌

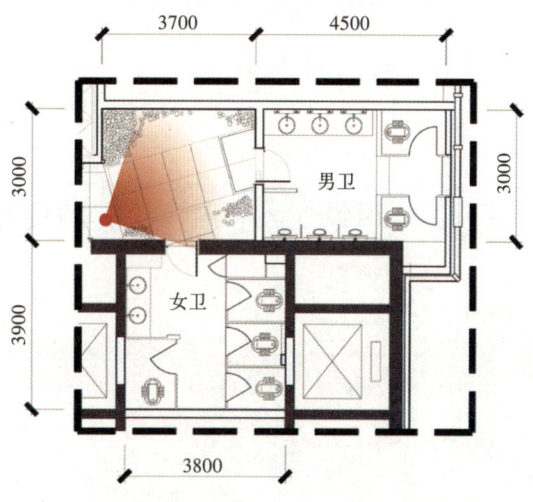

图 1-65 卫生间平面

2. 卫生间设施

卫生间由洗手盆、便器等主要设施所组成，宜有天然采光。采用蹲式便器时，地面须相应抬高，要注意解决好高差问题。男士卫生间小便器的设置，应考虑它们之间的合理尺度，在满足基本的人体尺度的要求上，还应留有一定的距离，给人以宽松感。顾客用卫生间要男女分设，门的设置要合理，尽可能避免直接开向大厅（图1-66）。

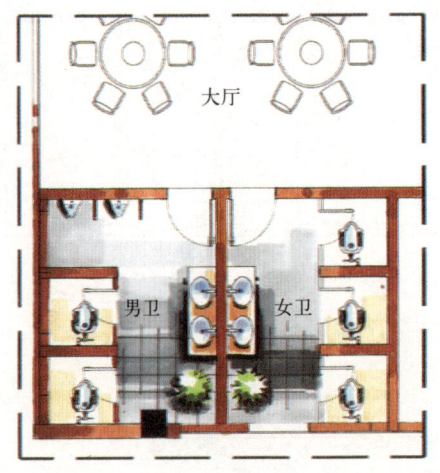

不合理的开门方式　　　　　　　合理的开门方式

图 1-66　卫生间设施

【实践活动】

1. 熟悉任务书要求，根据功能分区泡泡图，深化功能分区布置。
2. 徒手勾画草图，基本确定方案。
3. 使用绘图工具按1∶50比例绘制平面布置草图。

【活动评价】（表1-5）

表 1-5

	评分项目	学生自评	小组评定	教师评分	平均分	总评分
评分细项（50%）	功能分区					
	家具布置					
	交通流线					
草图绘制（50%）						
签　名						

【知识链接】

公共建筑厕所和浴室隔间的平面尺寸不应小于表 1-6 的规定。

厕所和浴室隔间的平面尺寸表　　　　　表 1-6

类别	平面尺寸（宽m × 深m）
外开门的厕所隔间	0.90 × 1.20
内开门的厕所隔间	0.90 × 1.40
外开门的淋浴隔间	1.00 × 1.20
内设更衣凳的淋浴隔间	1.00 ×（1.00 + 0.60）
盆浴隔间	浴盆长度 ×（浴盆宽度 + 0.65）

卫生设备间距应符合下列规定（图 1-67）：
（1）洗脸盆或盥洗槽水嘴中心与侧墙面净距不宜小于 0.55m；
（2）并列洗脸盆或盥洗槽水嘴中心间距不应小于 0.70m；
（3）单侧并列洗脸盆或盥洗槽外沿至对面墙的净距不应小于 1.25m；
（4）双侧并列洗脸盆或盥洗槽外沿之间的净距不应小于 1.80m；
（5）浴盆长边至对面墙面的净距不应小于 0.65m，无障碍盆浴间短边净宽度不应小于 2m；
（6）并列小便器的中心距离不应小于 0.65m；
（7）单侧厕所隔间至对面墙面的净距：当采用内开门时，不应小于 1.10m；当采用外开门时不应小于 1.30m，双侧厕所隔间之间的净距：当采用内开门时，不应小于 1.10m，当采用外开门时不应小于 1.30m；
（8）单侧厕所隔间至对面小便器或小便槽外沿的净距：当采用内开门时，不应小于 1.10m，当采用外开门时，不应小于 1.30m。

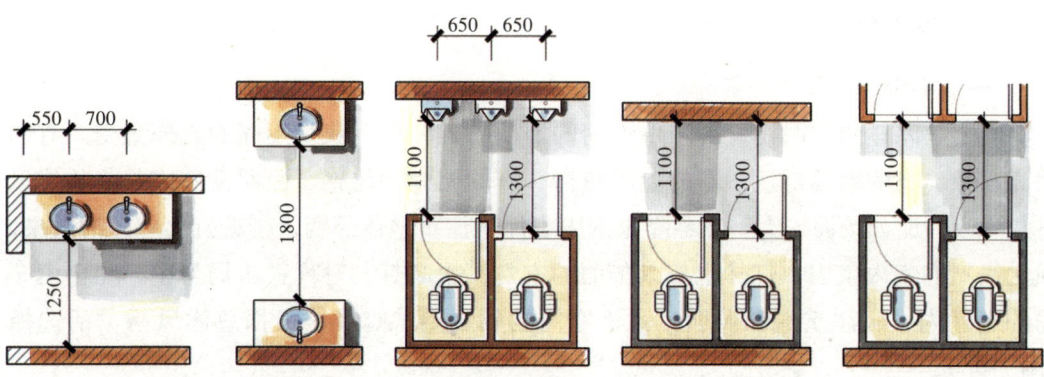

图 1-67　常用卫生设备间距尺寸

项目3　灯具配置

【项目概述】

通过餐厅灯具的配置，学生会识别餐厅空间常用灯具，能说明灯具配置的原则，知道普通照明、重点照明、装饰照明的特点，完成天花平面灯具布置图。

任务1　照明特点

【任务描述】

通过该任务的实践，学生知道灯具照明在主题餐厅设计中所起的作用，通过具体案例的分析，对主题餐厅的照明特点有感性认识。

【任务实施】

一、任务布置

1. 根据餐厅的图片，比较不同主题的餐厅照明各自有什么特点。
2. 根据调研资料，想一想主题餐厅常用的灯具有哪些。

二、教师讲解示范案例

【学习支持】

一、照明特点

（一）中餐厅

即使是同样的空间设计，采用不同的照明方式，可以获得不同的心理感受。有的明亮宽敞，有的温馨舒适，有的温暖热情，有的充满神秘感。照明设计应与其整体风格相一致。比如场面宏大、热烈隆重的中餐厅应注重整体照明，创造灯火辉煌的效果，强化热烈的室内氛围，灯具也应以华丽的宫灯、水晶灯，对称式布局为主。在自由布局的餐厅内，应注重局部照明，强化空间的领域感，灯具应根据总体风格灵活选择（图1-68）。

图 1-68　中餐厅有明亮的照明

（二）西餐厅

西餐厅的环境照明要求光线柔和，应避免过强的直射光。就餐单元的局部照明略强于环境照明。灯具可选择古典造型的水晶灯、铸铁灯、枝型吊灯、反射壁灯、庭院灯以及现代风格的金属磨砂灯具等。为了营造某种特殊的氛围，餐桌上点缀的烛光可以创造出强烈的向心感，从而产生私密性（图 1-69）。

图 1-69　光线柔和的西餐厅

（三）酒吧

酒吧是人们工作后饮酒消遣和会友的去处，主要在夜间经营，一般色彩浓郁深沉，照明设计以局部照明为主，整体照度低，局部照度高，主要突出餐桌照明。针对不同的酒吧类型，利用不同的灯具造型和灯光色彩可以突出酒吧的主题，渲染酒吧的整体环境气氛，体现不同的空间情趣与风格（图1-70）。

图1-70 独具特色的酒吧照明

二、照明光源

1. 光源颜色

物体在光的照射之后，呈现出明暗与色彩，相同的物体在不同的光源下呈现出来的色彩是不同的。例如，一张白色，在红光的照射下显红，在蓝色的照射下显蓝。在餐饮空间环境中，这种环境光就显得尤为重要。例如一束白色的冷光照在一面绿色的墙面上，墙面会显得偏蓝色，更加的冷，而在暖光照射下就会显现出暖绿色，使餐厅看起来更加活泼温馨（图1-71，图1-72）。

图1-71 温暖亲切的暖色调

图1-72 轻松活泼的冷色调

2. 光源色温

色温表示光源光色的尺度，单位为K（开尔文），它是光线颜色的一种表现形式，是描述光线颜色的物理量。色温度在3300K以下时，光色就开始有偏红的现象，给人以一种温暖的感觉，3300～5000K属于中间色温，色温度超过5000K时颜色则偏向蓝光，给人以一种清冷的感觉。因此低色温光源发红色、黄色光，高色温光源发白色、蓝色光。光源的不同色温使人产生不同的联想，例如火红的太阳、阴冷的月色等。光源中若缺乏红色波长会使人产生苍白或不健康的肤色（表1-7，表1-8）。

光源的色温分类　　　　　　　　　　　　　　　　　　表1-7

色温	光色	气氛效果
>5000K	清凉（带蓝的白色）	冷的气氛
3300～5000K	中间（白）	爽快的气氛
<3300K	温暖（带红的白色）	温暖的气氛

常见光源的色温　　　　　　　　　　　　　　　　　　表1-8

光源条件	色温	光源条件	色温
蜡烛光	1930	日落、日出时的阳光	2000～3000K
家用白炽灯（25～250W）	2600～2900K	夏天正午阳光	5500K
卤素灯	2800～3400K	暖色荧光灯	2500～3000K
卤钨灯	3300～3400K	日光色荧光灯	5500～6500K

餐厅选用不同色温的光源，会给人带来不同的感受（图1-73，图1-74，图1-75）。

图1-73　冷色光

图1-74　白色光

图 1-75　暖色光

咖啡厅、酒吧等餐饮空间照度一般都比较低，采用的光源颜色大多是粉红、浅橙或淡色等，人的肤色也显得温和自然。采用高照度较高色温的光源可以体现冷饮店、快餐厅活泼明快的气氛。白炽灯、卤素灯相比于荧光灯，在创造温馨的餐饮环境气氛中有更好的效果（图 1-76，图 1-77）。

图 1-76　低照度低色温

图 1-77　高照度高色温

3. 光源显色性

显色性就是在该光源光线照射下，物体颜色显示情况；显示的颜色与自然光或者标准光照射下的显示颜色越接近，则显色性好，反之差。

显色指数，就是用来表示显色性优劣的。按国际照明委员会推荐（我国国家标准采纳），显色指数最高为 100。即在显色指数 Ra 为 100 的光源照射下，（各种）颜色所显示的，与自然光或者标准光照射下显示的颜色完全一样。显色指数 Ra 数值越小，说明差距越大，该光源的显色能力越差。

只有在适当的高照度下,颜色才能真实地反映出来,低照度不可能显出颜色本性。在餐厅中所设计的照明要使餐品显现出鲜美诱人的外观,就要考虑到光源要有良好的显色性,还要考虑根据不同种类的餐厅来选择适合的光照方式。通常大部分照明环境多要求光源的显色指数一般在 $Ra > 85$ 的范围,显色性较好。肤色和食物在白炽灯下的效果最好(图1-78),将暖色荧光灯与白炽灯相混合的照明也能产生令人愉快悦目的灯光效果(图1-79)。

图1-78　白炽灯下的食物

图1-79　混合照明

4. 光色调明暗对比

在室内空间的设计中,通过改变光源的明暗程度,形成对比关系,能体现整个空间的层次感。除了整体照明之外,要突出餐厅重要的部分。一般在进入大厅之前的门厅接待区会有一个过渡区域,在行走的过程中,逐渐增加一些照明的亮度,使顾客感受到循序渐进,有一个从户外到户内的心理适应过程。在咖啡厅和酒吧的照明设计中,往往追求较强烈的明暗对比,在入口处会有相对的亮度,室内常以一种暗色调来设计,可以使被照亮的部分更为醒目突出,而暗的部分也会让人觉得更有深度(图1-80)。

图1-80　整体照明和重点照明

三、照明灯具

1. 直接照明与间接照明

直接照明通常是指那种看得见的灯，比如枝状吊灯和直接照射餐桌的射灯等（图1-82），这些灯光可以用来突出餐桌以及上面的食物，但如果灯光过于明亮或照射的角度不合适，和周围环境对比过强，往往会让客人感觉不舒适。间接照明能将全部的光线洒满房间，可以使物体的阴影最小，因此照明环境显得很柔和（图1-81）。

图1-81　间接照明　　　　　　　　　　图1-82　直接照明

2. 照明灯具

设计的最终效果要通过照明灯具去实现。餐厅经常用到的灯具包括：台灯、吊灯、壁灯、筒灯、格栅荧光灯盘以及反光灯槽等几大类（图1-83）。台灯和壁灯作为气氛照明或一般照明的补充，常在餐厅整体照明中用来补充台面照度的不足，并丰富空间的层次。但由于这两种灯具的位置比较低，要做好灯具的遮光处理，避免在人的视线范围内产生眩光。

图1-83　多种灯具的综合使用

吊灯常用于面积较大的餐厅和档次较高的宴会厅，主要用于一般照明。它往往是人们视觉的中心。它的造型和风格在很大程度上决定了餐厅的品位和档次。例如：有些宴会厅为了表现贵族气质，就采用了华丽的水晶吊灯。在有些使用筒灯或荧光灯作为一般照明的餐厅，也可以使用吊灯作为补充照明（图1-84）。

图1-84　餐厅包间休息区

【实践活动】

根据所给餐厅的图片，能指出其照明的特点，不同色温光源产生的空间感受，光源的显色性，直接照明和间接照明常用的灯具类型。

【活动评价】

表1-9

	评分项目	学生自评	小组评定	教师评分	平均分	总评分
评分细项（100%）	常见餐厅类型的照明特点					
	不同色温光源的感受					
	餐厅常用照明的灯具识别					
签　名						

任务 2　灯具配置

【任务描述】

通过该任务的实践，学生会根据餐厅的主题风格，选用适合的灯具照明；会对不同的功能区域选择正确的照明方式，完成天花平面灯具布置图。

【任务实施】

一、根据项目二自己设计的平面布置图，确定整体照明方案。
二、结合平面图功能分区的需要，确定各区的照明方式。
三、对各个功能区进行照明布局。

【学习支持】

一、照度与亮度

1. 照度

在餐饮空间的照明设计中，首先要保证的是空间中的不同区域都有合适的照度。餐饮空间中首先要保证餐桌台面上有适宜的光照，满足顾客就餐时基本的视觉需求。表1-10是餐饮建筑中主要房间及部位的平均照度推荐值。

平均照度推荐值　　　　　　　　　　表1-10

房间名称	推荐值（lx）	房间名称	推荐值（lx）
宴会用的餐厅	150-200-300	厨房	100-150-200
大餐厅	50-75-100	饮食制作间	75-100-150
小餐厅	100-150-200	库房	30-50-75
大、小饮食厅	50-75-100		

由于不同的主题餐厅在经营内容、具体顾客群定位等各方面都有很大区别，决定了其对照度值要求的不同。一般来说，大型宴会厅对照度的要求比较高，高亮度易于营造热烈庄重的场景；快餐厅的照度要充足，以突出其空间明亮简洁的特征；风味餐厅的照度应比较适中，照度太高会使各种细节过于清晰可见，使顾客缺乏私密感，过低则不能满足人们就餐时的视觉需要（图1-85）。

图 1-85　餐厅的照度要合适

2. 亮度

有多种因素可能对照明的亮度产生影响。第一，不同特性的装饰材料对光线的吸收和反射差异比较大，在同样的照度条件下，其表面产生的亮度有很大的不同，反射到空间中的光线数量也有差别，最终决定了整个餐饮空间光环境的亮度效果。第二，当光环境中有明暗对比时，即使明亮处的照度很低，人们也能感觉到光线的明亮，因此应根据实际需求，拉开空间的明暗效果，亮度等级，也有利于节能。

根据材料的光滑程度和材料的透光度不同，光照射到装饰材料时会产生反射和透射现象。每一种材料都有不同的特点，比如使用透光性很好的玻璃，能使室内外空间有很好的延伸性。玻璃砖属于透射材料，光线透过后，弥漫于整个空间，给人柔和明亮的感觉（图 1-86，图 1-87）。

图 1-86　玻璃砖的应用

图 1-87　透光性好的玻璃

金属对光非常敏感，抛光金属在照度高的区域常常会产生大量的眩光。亚光金属饰面显得雅致，表面连续均匀表面，如果在设计中要体现一种活泼流动的现代感，可以使用一些抛光金属，如小面积的抛光不锈钢（图 1-88）。

图 1-88　金属材料的使用

粗糙的或中等粗度的表面吸收光线，直射光线照在粗糙的表面上会形成清楚的光影图案，光滑的材料反射光的能力较强、在某些地方甚至会出现高光，将光滑和粗糙的材质组合在一起，会形成微妙的变化和韵律，能得到细致的阴影效果，材料的肌理也得到很好地展现（图1-89）。

图 1-89　灯光能强化材料的肌理效果

二、照明方式

1. 三种照明方式

公共区、餐饮区的灯光设计主要采用整体（一般）照明、重点（局部）照明和环境氛围（装饰）照明三种方式，多数情况下这三种方式是一起同时使用的；厨房区和辅助区则往往只需要 1 ~ 2 种照明方式。整体照明为餐厅的各个部分提供均匀光照，保证空间中的不同区域都有合适的照度，这种照明方式不着重于局部的变化，主要是使就餐环境和餐桌面的照度大致均匀。一般来说，设计风格较时尚、简洁或顾客群相对大众化的餐厅常常会采用这种整体性较强的照明方式，例如快餐店等。

　　2. 综合应用多种照明方式

　　在整体照明的基础上，很多餐饮店会设置重点照明，两者相结合可形成既有整体、又有重点的餐饮空间光环境，例如餐厅包房中就常常采用整体与局部相结合的照明方式—筒灯均匀分布形成整体照明，吊灯、格栅射灯等集中照亮餐桌或其他重要部位，形成重点照明，可以使餐饮空间具有较好的层次感，例如将灯光集中打在餐桌上可形成只属于该桌客人的光照空间，打在装饰品上则可增强其艺术感，形成空间中的视觉焦点（图 1-90，图 1-91）。

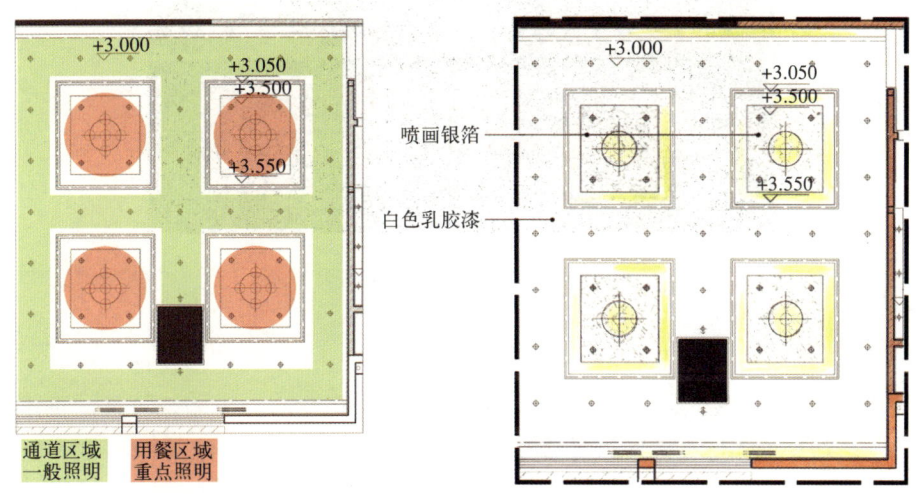

图 1-90　就餐大厅灯具的布置方式

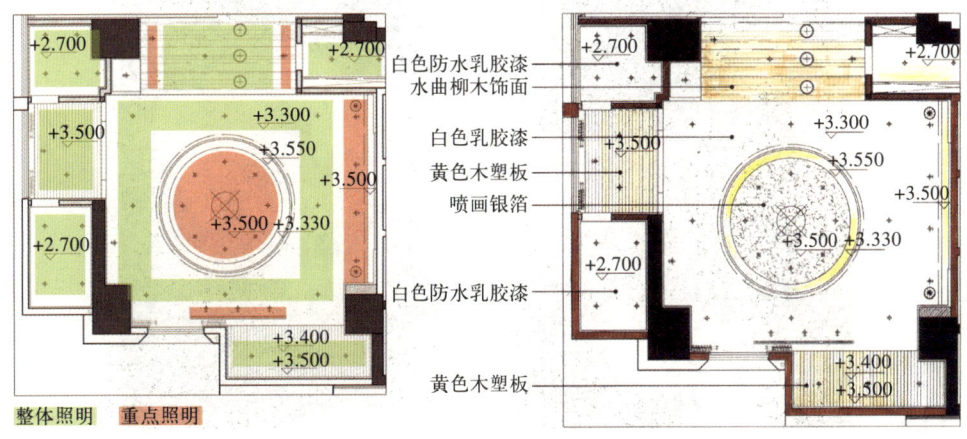

图 1-91　包间灯具的布置方式

3. 酒吧和咖啡厅强调重点照明

另一方面，并非所有餐饮空间都适合采用重点与整体相结合的照明方式，例如酒吧和咖啡厅等往往就以重点照明为主，并不十分强调整体照明，目的是充分突出特定的目标。如酒吧中的重点照明可仅仅用于吧台和陈列展示部分，局部的重点照明还可以将人们的视线吸引到有特色的地方，形成视觉的趣味中心，从而创造酒吧自身的个性（图1-92）。

图1-92　吧区往往成为视觉中心

4. 环境照明

在整体照明与重点照明之外，环境照明能增加餐饮空间环境的独特性。根据餐的不同主题，可以针对性地创造某种环境氛围，运用LED、光导纤维等低照度、低色温或高色温的光源来营造出新奇神秘或休闲轻松等不同的空间特质（图1-93，图1-94）。

图1-93　环境照明

图1-94　强调装饰物的照明

【实践活动】

根据餐厅平面布置草图，明确需要普通照明、重点照明、装饰照明的区域，用 1∶50 的比例绘制顶棚灯具布置草图。

【活动评价】（表 1-11）

表 1–11

	评分项目	学生自评	小组评定	教师评分	平均分	总评分
评分细项 （100%）	灯具选用					
	灯具配置					
	图纸表达					
签 名						

项目 4　界面设计

【项目概述】

> 通过该项目的实践，学生能绘制门厅、大厅、包间等室内效果图，室外效果图；能根据功能区域的不同需要进行天花设计；能正确绘制立面图；会根据功能区域的不同需要进行地面设计。

任务 1　立面设计

【任务描述】

> 通过该任务的实践，学生能根据主题餐厅的构思绘制室内及室外效果图，能根据透视图绘制纵横剖面图，门厅、大厅、包间等立面图，会选用立面材料。

【任务实施】

教师讲解示范案例

（一）根据门厅平面布置图绘制室内成角透视（图1-95）

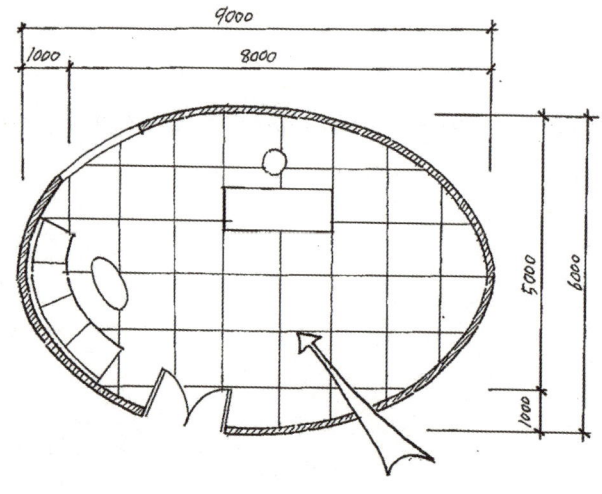

图 1-95　门厅平面图

1. 按照一定比例确定室内墙角线 AB，兼作量高线（图1-96）。
2. 在 AB 间选定高度为1.2m的位置画视平线 EH。
3. 在 EH 线上确定灭点 V_1、V_2，连接 A 点，B 点画延伸出来的墙边线。
4. 以 V_1V_2 的长度为直径画半圆，在半圆上量取 $V_1H_1 = H_1H_2$，确定站点 H_2。
5. 分别以 V_1、V_2 为圆心，$V_1H_2 = V_1G_2$，$V_2H_2 = V_2G_1$，求出心点 G_1、G_2。

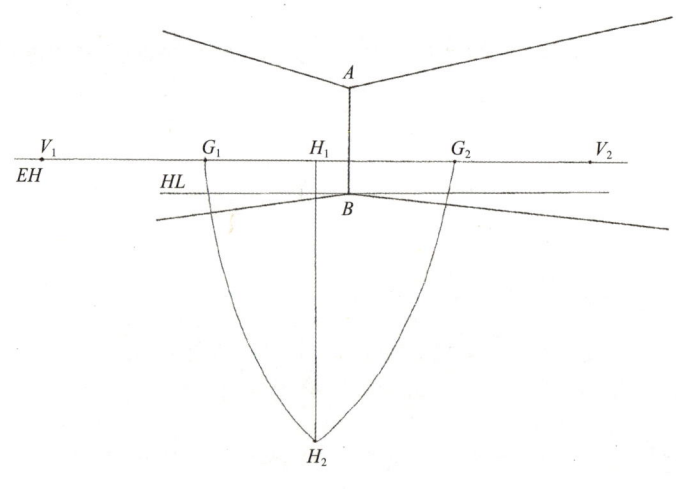

图 1-96

6. 在 B 点画水平线 HL，在 HL 线上与真高线等比例标出左右两边实际墙面总长度的等分点（图 1-97）。

7. G_1、G_2 分别与等分点连接，求出地面尺寸。

8. 各等分点分别与 V_1、V_2 连接，求出地面范围。

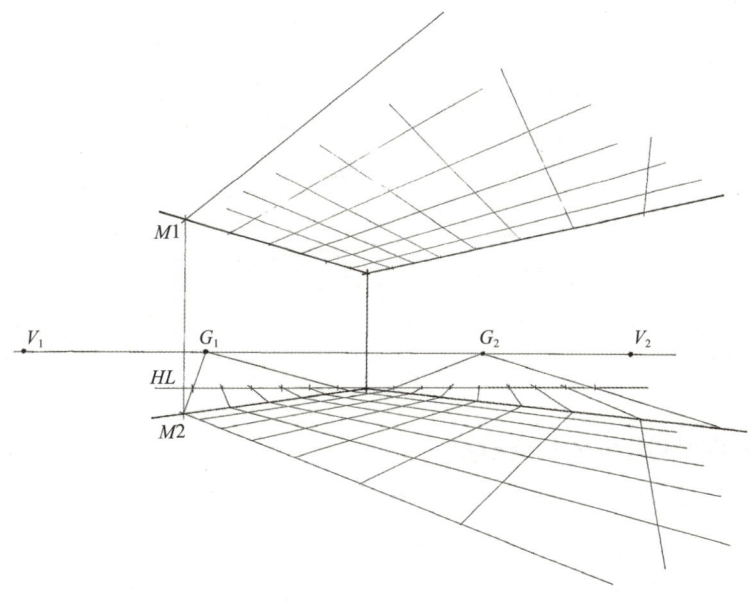

图 1-97

9. 根据平面尺寸求出地面四个椭圆定位点（D_1，D_2，D_3，D_4），天花用相同方法求出椭圆定位点（d_1，d_2，d_3，d_4），用光滑的圆弧线连接定位点（图 1-98）。

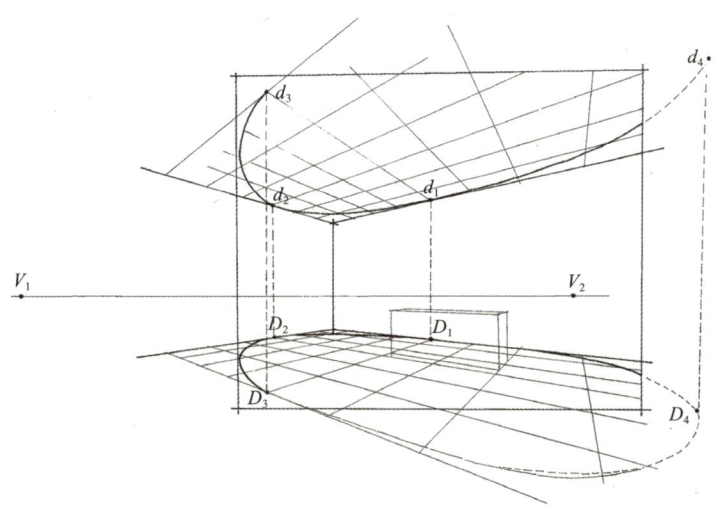

图 1-98

10. 根据以上方法绘制门厅透视线稿（图1-99）。

图1-99

（二）根据平面图绘制室外透视图

1. 按照一定比例确定建筑外立面墙角线 AB，兼作量高线（图1-100）。
2. 在 AB 间选定高度为1.6m的位置画视平线。
3. 在视平线上确定灭点 V_1、V_2，连接 A 点、B 点画出建筑墙边线。
4. 以 V_1V_2 的长度为直径画半圆，在半圆上量取 $V_1H_1 = H_1H_2$，确定站点 H_2。
5. 分别以 V_1、V_2 为圆心，$V_1V_2 = V_1G_2$，$V_2H_2 = V_2G_1$，求出心点 G_1、G_2。
6. 在 HL 线上与真高线等比例标出左右两边实际总长度的等分点。
7. G_1、G_2 分别连接等分点，求出建筑的外轮廓线。

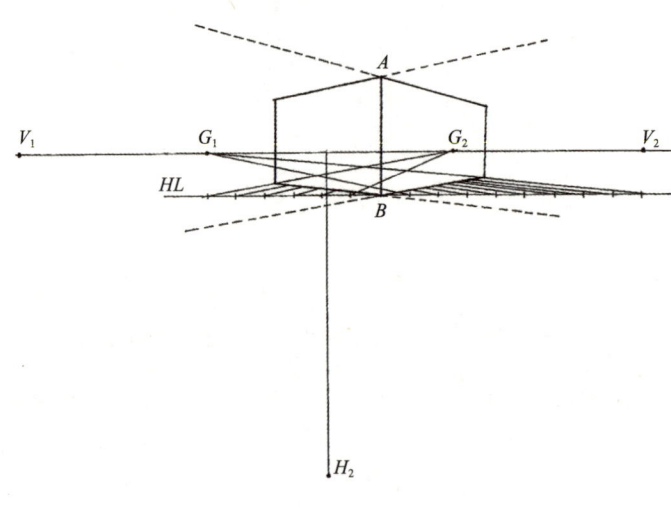

图1-100

8. 勾画室外效果图，注意表达门面构思，主要入口与环境的关系（图1-101，图1-102）。

图 1–101

图 1–102

（三）根据透视草图绘制室内主要（剖）立面图，外立面图（图1-103）

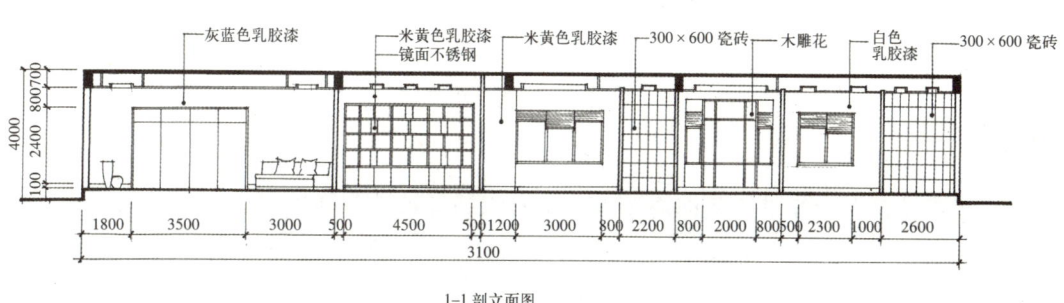

1-1 剖立面图　　1：100

图 1–103　根据透视图绘制剖面图和立面图 1

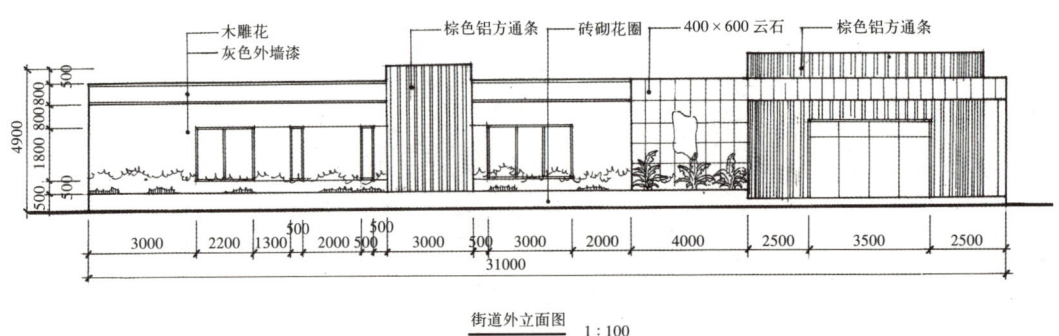

图 1-103 根据透视图绘制剖面图和立面图 2

【学习支持】

一、空间形态

不同的空间形态带给我们不同的感受。高直的空间如哥特式的教堂，使人感觉神圣力量的存在，个人的渺小；小面积的低矮空间如卧室能给人带来安全和亲切；如果高度不变而面积不断增大时，人愈发会感觉压抑。直线条的空间能营造稳重大气和理性利落的感觉，而曲线形态的空间则给人感觉灵动轻松（图 1-104）。

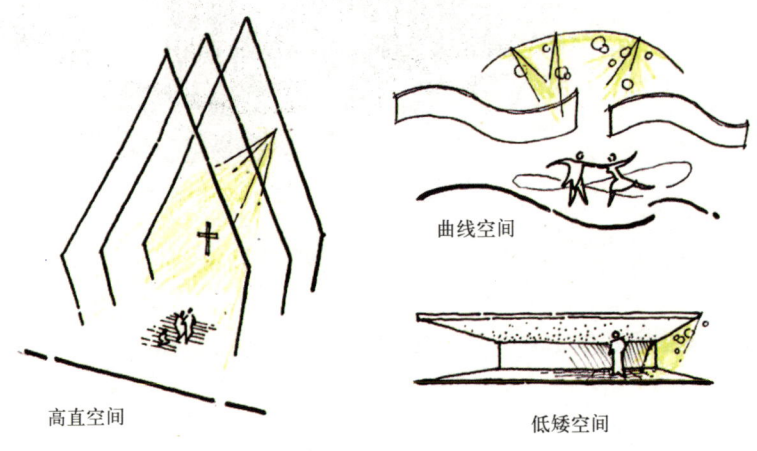

图 1-104 空间的不同形态带给人不同的感受

1. 门厅等空间

门厅和就餐大厅等空间强调流动性，不对空间性质进行硬性划分，使之形成交流的场所，营造开放空间。门厅要起引导作用，其间设置弧形墙面可以起到很好的引导作用。门厅与大厅之间常使用隔断，使相邻空间有一定的视觉渗透。弧线墙对顾客能起到引导的作用，人在行进过程中体验到不同的空间感受（图 1-105）。

 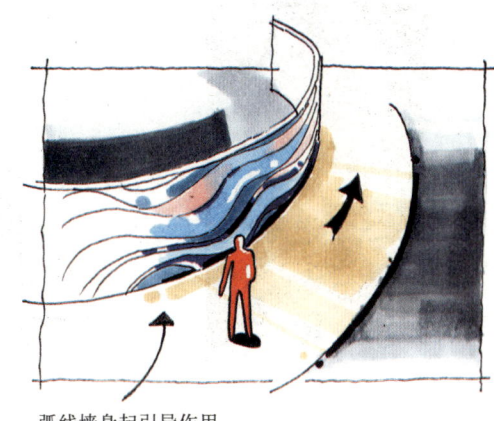

弧线墙身起引导作用

图1-105　弧线墙有引导顾客的作用

2. 就餐大厅

（1）散座区域

散座区设置在大厅中，针对不同人数的客户群可以设置不同座位数的餐桌，常见的有二人桌、四人桌、六人桌、八人桌等，形状有方桌、长方形与圆桌等，一般将就餐人数相同或形状相同的桌子放在一个区域，能很好地组织交通流线和空间形态，井然有序（图1-106）。

图1-106　不同人数的座位能满足多种需求

（2）卡座区域

卡座和散座之间要有所区别，不同于包间与大厅有完全的分隔，卡座通常设置大厅比较安静的位置，与大厅空间既有联系，又有区别，在设计上会使用不完全分隔的手法，与大厅空间保持一定的视觉渗透。卡座区域和大厅地面可以设置一定的高差，天花也可呼应地面，做些特殊处理，使卡座区域感更强，保证一定的私密性（图1-107）。

图 1-107　卡座与大厅之间用隔断分隔

卡座区域通常使用人数比较少，平均每组在 4～6 人，卡座之间不需要完全分隔，通常使用有一定通透性的屏风或者是较矮的绿化带来区分，使之不会产生一个个很小的封闭空间，给人带来的压抑感（图 1-108）。

图 1-108　卡座之间用隔断分隔

（3）包间

包间的使用人数一般在 8～12 人左右，使用的时间相对也会比较长，所以强调安静和封闭，包间和大厅之间常使用轻质隔墙来区分。为了保证包间使用的灵活性，在包间之间可以根据需要设置弹性隔断。如折叠门或者是纱帘、珠帘等。当团体就餐人数不超过一张桌子的座位数时，关上折叠门形成一个包间。当团体就餐人数需要两张桌子时就可以打开折叠门，使之形成一个大的包间，可以容纳两围就餐人数。弹性隔断在使用上可以满足不同人数的客户群，提高经营效率（图 1-109）。

包间的就餐区与休息区之间往往也使用弹性分隔，空间既有联系，又有分隔（图 1-110）。

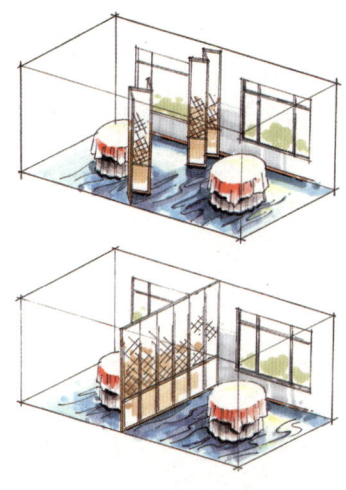

图 1-109　包间之间的隔断

图 1-110　包间就餐区和休息区之间的隔断

3.厨房、备餐间、公用卫生间、后勤区域

这些区域强调空间的独立封闭性，要选用防潮、隔声性能好的墙体进行分隔（图 1-111）。

图 1-111　厨房、卫生间等应采用砖墙作为隔断

4. 相邻空间节点设计

在餐厅内部的一些过渡的区域，例如两个空间交接的位置，餐厅的走廊、过道、转角等，因为其不占主要位置，往往被人们所忽略。可结合餐厅的风格特色，局部设置一些装饰性的陈设品等，打破空间的沉闷感，充分利用空间，增添餐厅内部的人文气息，这些边角空间处理好了往往会给人带来意想不到的视觉冲击力（图1-112，图1-113）。

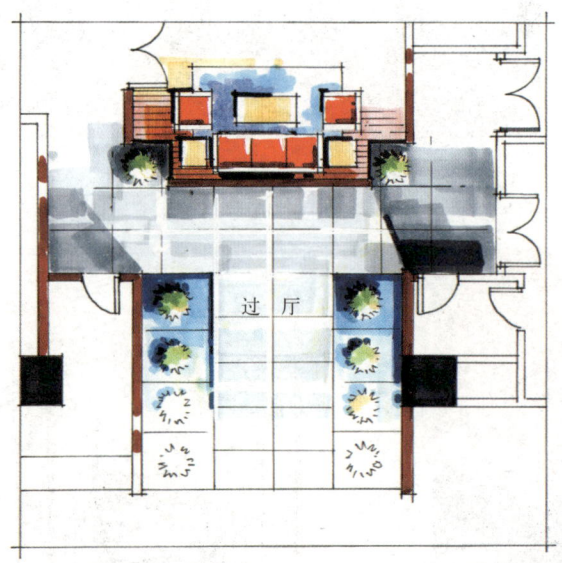 

图1-112 广州华府大厅与包间区之间的过厅平面图

图1-113 广州华府餐厅大厅与包间区之间的过厅

二、主题餐厅常用墙面设计手法

1. 运用装饰元素作为题材来表现主题

为表现餐厅的主题特征,我们需要运用与之相呼应的装饰元素来作为设计题材,它可以强调民族特色、地域文化或其他主题。如中式风格的主题餐厅,设计师往往采用有中国特色的元素符号来进行装饰,如传统的门窗图案、文字、书法、绘画、中国结、扇子、对联、水墨画等。如果是日式风格的餐厅,那我们选择的元素则是格子门窗、枯山水等,在运用过程中往往将传统的符号元素进行提取、抽象及变形,使设计具有现代感(图 1-114,图 1-115)。

图 1-114　运用传统的中式元素

图 1-115　日式元素

欧式的装饰元素有欧式图案的壁纸、乳胶漆;在顶棚、墙面、柱面及阴角处镶贴装饰线;运用古典柱式装饰柱子或作装饰柱、壁柱等;在墙面或门窗洞口处作拱券;结合灯光布置将顶棚做成拱顶或穹顶等(图 1-116,图 1-117)。

图 1-116　欧式花饰

图 1-117　欧式石膏花饰

2. 使用装饰材料表现主题

装饰材料品种多样，其表面的肌理、色彩均有很大的不同。材料的肌理，即表面的组织构造，会给人带来不同的视觉感受，传达不同的信息。比如说，木材带给人温暖和天然的感觉；玻璃则让人联想到现代、光亮；不锈钢等金属材料能代表科技感和现代感；看到毛石水泥，我们就会有种接近原始的感觉；天然藤、竹等材料有质朴的纹理，能表达悠闲自然的田园情趣。即使是文化石，也有众多的品种，有不同的肌理，能表达不同的情感（图 1-118）。

图 1-118　各种肌理的仿古石

灯光在表达材料的质感和肌理上，有着重要的作用。在灯光照射下，材料肌理的凹凸会产生丰富的阴影变化（图 1-119，图 1-120）。

图 1-119　灯光表现材料的肌理　　图 1-120　用丰富的肌理表现主题

3. 使用色彩烘托出主题气氛

当餐厅要表达热烈喜庆吉祥的气氛时，我们可以红色为主色调；当主题要表现温柔雅致等感觉时，我们可以选择粉红色；紫色常给人以高贵庄重、神秘优雅的感受；绿色能很好地表现自然田园的主题；如果要表现地中海的主题风格，要选择蓝色。黑白灰色彩能很好地表现沉稳理性的特点（图 1-121，图 1-122）。

图 1-121　粉红色调的餐厅

图 1-122　蓝紫色调的餐厅

【实践活动】

1. 运用一点透视，二点透视表达餐厅的设计构思，完成餐厅大厅、门厅、包间、外透视的线稿。

2. 绘制纵横剖面，大厅、门厅、包间的主要立面草图。
3. 推敲墙面的设计，选取合适的主题元素、装饰材料、色彩，完成效果图初稿。

【活动评价】（表 1-12）

表 1–12

	评分项目	学生自评	小组评定	教师评分	平均分	总评分
评分细项 （100%）	透视线稿					
	（剖）立面草图					
	装饰元素的表达					
	装饰材料的选择					
	效果图初稿					
签　名						

【做一做】

尝试用另外一种设计风格的装饰元素、选择合适的墙面材料，色彩来设计门厅。

【作品欣赏】（图 1-123 ～ 图 1-126）

图 1-123　大厅透视图

模块1
主题餐厅装饰设计

图 1-124 包间透视图

图 1-125 外透视图

67

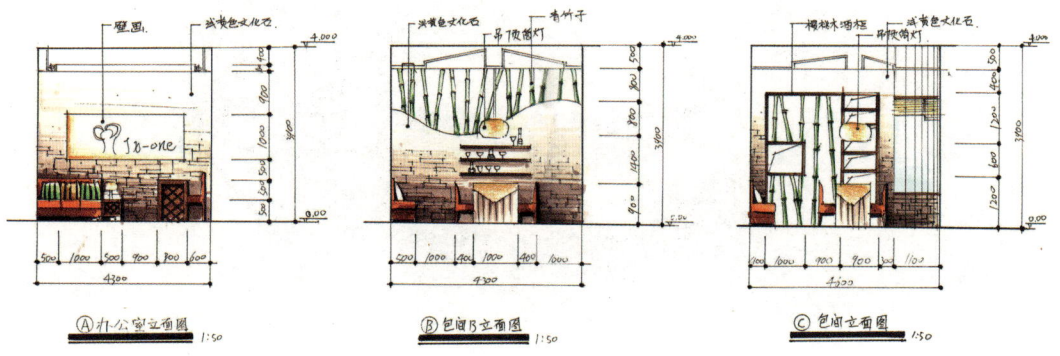

图 1-126　立面图

任务 2　天花设计

【任务描述】

通过该任务的实践，学生能根据功能区域的不同需要进行天花设计；能处理建筑结构构件（主梁、次梁等）与装饰之间的关系；会选用天花装饰装修材料。

【任务实施】

一、教师讲解

1. 天花设计中常见的对梁处理的手法。
2. 常用餐厅的天花材料。

二、学生结合平面功能需求设计天花造型

1. 依据原始天花平面图的梁柱关系、平面布置图的功能空间净高需要，确定天花图吊顶形式。
2. 结合平面布置图，绘制天花图造型。
3. 结合平面各功能分区要求布置灯具。
4. 标注标高、材料文字说明。

【学习支持】

一、天花设计要素

1. 天花设计与平面功能相呼应

类似像门厅、大厅的空间，根据平面功能布置上对交通流线有意识地协调和引导，天花的设计应与之呼应，配合灯光的效果，使顾客取得视觉和心理感受上的明确性（图1-127，图1-128）。

图1-127　天花的设计与地面相呼应

图1-128　天花的设计能强化平面的区域感

2. 长条形天花

像走廊、过道、过厅等区域的天花形状多是长条形，其设计应强调方向的引导性，常用排列、节奏和韵律的手法设计造型（图1-129，图1-130）。

3. 方正规矩形状

对于一个比较方正和规矩的空间，平面布局常采用基本对称的形式，给人比较正式的感觉。天花围绕餐桌形成重点区域的设计，选用正方形、多边形、圆形或其他中心对称的图案造型。一般在天花的正中间放吊灯，整体包间形成具有亲切感和凝聚力的空间（图1-131，图1-132）。

图 1-129　通过走廊连接包间

图 1-130　天花设计体现韵律感

图 1-131　包间多采用大致对称布局

图 1-132　天花造型呼应平面布局

4. 发散自由形状

对于形状模糊，用途多样的一些过渡性空间，没有明显的方向感。这种空间的天花设计可以采用发散或自由的形状，更好地适应灵活的平面功能布局（图1-133）。

图1-133　天花造型采用不规则的形状

二、天花与墙面关系

1. 一体化处理

将墙面与天花作为一个界面统一考虑设计，削弱墙面与天花相交处原有固定形状的边界感，色彩和材质一致，也可以形成视觉上形成棚墙一体的感觉（图1-134，图1-135）。

图1-134　天花墙面一体化设计1

图1-135　天花墙面一体化设计2

2. 交接处采用装饰线条

在墙面与天花面交接处，可采用木角线、石膏线等装饰线条，除了能达到一定的装饰美化效果外，还能弥补墙面与天花的交线在施工时产生的不平直，使界面看上去更清晰精致（图1-136，图1-137）。

图1-136　石膏线条装饰天花　　　　　　图1-137　石膏线条压边

3. 分离处理

将墙面与天花进行分离处理是设计中常用的一种手法，两者的交界处留有一定的缝隙，使两者分离，往往配以暗藏灯带照明，形成一种天花犹如悬浮在空中的感觉（图1-138，图1-139）。

图1-138　墙面与天花分离处理　　　　　　图1-139　墙面与天花交接处的灯带

三、天花与柱子关系

柱子与天花连接处的关系，特别是柱头的设计，在设计上必须加以过渡处理，与天棚的设计协调一致。采用虚化柱头的方法也是处理柱子与天花关系的好办法，通常将柱子插入天花内，在二者的交接处留出一个缝隙，使柱子的造型与天花分离（图1-140，图1-141）。

图1-140　柱子与天花交接处的处理1

图1-141　柱子与天花交接处的处理2

除了将柱子与天花分离处理以外，可将柱子和天花进行整体设计，用相同的材质、形式和色彩将两者连成一体（图1-142，图1-143）。

图1-142　柱子与天花一体化设计1　　　　图1-143　柱子与天花一体化设计2

【实践活动】

1. 根据平面布置草图,对天花区域进行划分(图1-144)。
2. 进行天花草图设计(1:50),其中包括灯具配置、天花造型等。
3. 结合梁位图,标注天花的设计标高、装饰材料。

【活动评价】(表1-13)

表1-13

	评分项目	学生自评	小组评定	教师评分	平均分	总评分
评分细项 (100%)	天花造型设计					
	梁的处理					
	材料运用					
签 名						

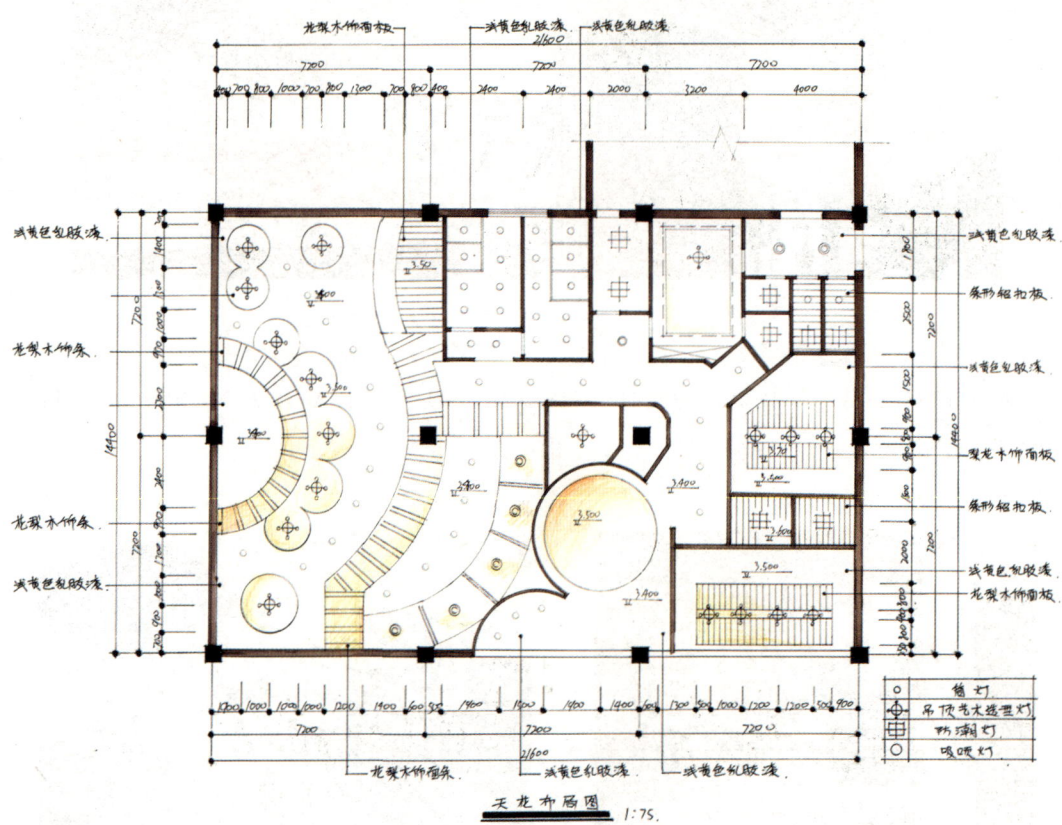

图1-144 顶棚布置图

任务3　地面设计

【任务描述】

会根据功能区域的不同需要进行地面设计；能说明重点区域的地面常用设计手法；会处理有高差的地面（如用台阶）；会标注地面标高；会选用地面装饰装修材料。

【任务实施】

一、教师讲解

1. 室内地面常见的设计形态
2. 室内地面的创意设计

二、学生进行地面设计

1. 依据平面布置图，确定各个功能区地面高度、形状等。
2. 确定各功能区材料及图案形式。
3. 完成地面铺装图。

【学习支持】

一、室内地面的形态设计

1. 升抬式地面

对于有特殊功能要求的空间，可以利用室内地面的高差变化，来满足不同的功能要求，并创造丰富的空间形态。升抬式地面设计是将某个局部或多个局部地面抬高，以区别于其他空间，由于抬高以后地面出现了高差变化，因而增强了室内平面形态的多样化，创造出新的空间区域（图1-145，图1-146）。

2. 下沉式地面

下沉式地面的设计可以限定出一个范围比较明确的空间，有较强的围护感，可作为人群停留休闲的场所。下沉式地面适宜在诸如大堂、大厅、共享空间之类的室内空间内设置，在高差边界处可以布置座位、绿化、栏杆等。与升抬地面一样，下沉地面的高差不要超过1.2m，否则会产生视觉空间关系的疏远，失去了下沉地面成为整体空间一部分的意义（图1-147，图1-148）。

图 1-145　升抬式地面视野开阔　　　　　图 1-146　升抬式地面采用不同的材料

图 1-147　下沉式地面有很强的围合感　　图 1-148　通过栏杆等加强下沉式地面的围合感

二、室内地面的创意设计

1. 地面设计与整体风格一致

地面装饰设计可以运用地面装饰材料的构成方式、肌理效果、拼花图案等来表达主题的意境与氛围（图 1-149，图 1-150）。

图 1-149　地面装饰设计与整体风格一致　　图 1-150　表现主题风格的地面拼花图案

2. 地面设计与墙面或天花造型相呼应

完整的界面设计是地面、墙面及天花共同形成的装饰效果。孤立的与其他界面没有联系的地面装饰设计，即使材料选择合理、装饰效果美观、功能分区明确，也谈不上是好的设计。采用地面装饰与墙面或天花相互映衬、呼应的设计手法，可以达到丰富室内界面形态的目的，有助于形成室内的整体统一感穿插（图 1-151、图 1-152）。

图 1-151　地面装饰设计与天花呼应 1

图 1-152　地面装饰设计与天花呼应 2

3. 地面景观化处理

在一些室内空间中，为满足景观空间的需要，在某一区域引入自然要素，如植物、山石、水体等。这部分的地面可采用鹅卵石铺设、栽植草木、设置水池、细沙等，使室内空间增添自然气息（图 1-153，图 1-154）。例如运用日本的"枯山水"景观营造手法来装饰，地面用细沙铺设，其上划出水纹的肌理纹样，细沙上堆放自然石块，也可以穿插不规则的草坪，更加突出主题。

图 1-153　地面的景观化处理 1

图 1-154　地面的景观化处理 2

4. 利用灯光投影增强地面装饰效果

室内地面的肌理形态与色彩变化还可以通过室内的顶光或侧光投射出的光影图形及光源色彩来实现。这种特殊方式的运用所产生出的视觉效果容易加强室内空间的整体氛围。根据主题的不同，光影的投射纹样及光源的色彩可以随之更替，具有较强的灵活性（图1-155，图1-156）。

图1-155　在墙面和地面上形成的图案

图1-156　在地面形成的图案

【实践活动】

1. 根据平面功能布置草图，对地面形态进行设计。
2. 标注地面的设计标高、选用的装饰材料，完成平面设计草图。

【活动评价】（表1-14）

表1-14

	评分项目	学生自评	小组评定	教师评分	平均分	总评分
评分细项 （100%）	地面形态设计					
	地面标高设计					
	地面图案设计					
签　名						

模块1 主题餐厅装饰设计

【作品欣赏】（图 1-157）

图 1-157 平面布置图

项目 5 陈设配置

【项目概述】

根据餐厅对不同主题风格陈设配置的需要，会选用合适的家具，会选择配套的陈设品，包括功能性陈设（实用器具、灯饰等）；装饰性陈设（书法、绘画等艺术作品）；室内织物陈设，会配置植物。

任务 1　陈设配置作用

【任务描述】

> 通过该任务的实践，学生能认识主题餐厅常用的陈设配置，根据图片能指出几种常见主题的陈设配置组合。

【任务实施】

一、讲解示范

室内陈设配置设计也可称为软装饰设计，涵盖了室内所有非固定装饰物品，图 1-158 是珠江新城炳胜公馆包间休息区的陈设设计，包括了设计中常见的陈设配置：

1. 家具：包含一组欧式会客沙发、茶几和角几。
2. 功能性陈设品包括茶几上的器皿，角几上的台灯。
3. 装饰性陈设品包括悬挂在墙上的风景画；室内织物陈设有地毯，窗帘等。

此外设计中也经常选用特定的植物陈设，来强化餐厅的主题风格。

图 1-158　珠江新城炳胜公馆包间休息区

二、想一想

针对自己的主题餐厅的定位和风格，想想你可以选用什么样的陈设配置。

模块1
主题餐厅装饰设计

【学习支持】

一、表现主题特征

餐饮空间的陈设设计以一种或多种主题文化为出发点，与主题风格相协调，为顾客营造出不同的艺术氛围，或浪漫温馨，或高贵典雅。广州大椰丰饭餐厅使用大量的带乡土风情的陈设品，如扁担、木水桶、装蔬菜的竹篓等，体现出原汁原味，质朴粗犷的生态气息。大量植物的运用也使得环境更舒适。通过木屋、木亭的设计，以及空间的高低与曲折变化，多种陈设手法的综合使用，共同塑造出丰富的进餐空间，有中国园林的特色（图1-159）。

图1-159　广州大椰丰饭餐厅以乡土风情为主题

广州金耶雨林风味餐厅整体风格以简约时尚的热带雨林风情为主，粗犷和细腻相结合，独具特色的陈设设计与整体的格调协调，增强了空间的层次感，用细节体现了环境的艺术氛围，营造出一种像雨林更胜雨林的风情体验（图1-160）。

81

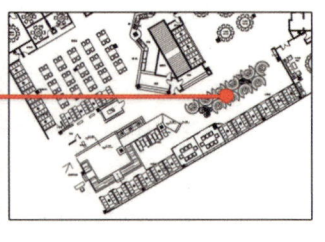

图1-160 广州金耶雨林风味餐厅以热带雨林风情为主题

在装饰陈设中会选用图案来表达特定的主题，通过寓意、比拟、象征等手法寄情于物，来表达人们的某种思想及美好愿望。例如在中国传统住宅中的房梁、门窗、墙壁上的龙凤图案象征吉祥、祥瑞和喜庆，龟鹤图案视为长寿之意等。欧式图案中用的卷花图案，曲线优美，体现精致华丽，而小碎花图案能表现浪漫自然的田园风格等。陈设品的质感和肌理对于室内的格调也起着很大的作用。抽象的装饰挂画可以塑造极具个性的艺术空间；粗犷朴实的木质家具能创造出舒适自然的乡村风格（图1-161，图1-162）。

图1-161 潮膳轩餐厅1　　　　图1-162 潮膳轩餐厅2

二、完善空间布局

1.陈设配置与空间尺度相符

在造型设计中，单纯的形式本身不存在尺度，整体的结构形状也不能体现尺度，只有在引入某种尺度单位，与其他因素发生关系的情况下，才能产生尺度的感觉。室内陈设是放置于室内环境中的，依据室内环境的相互关系，体现出陈设品的尺度感。在一个高大的厅堂内，我们可以适当地加大陈设的尺度，以适应环境，取得和谐的比例关系。中国的传统建筑空间较为高大，因此古典家具的尺度也相应增加（图1-164）。反之，当空间低矮时，陈设的尺度宜降低，以配合空间尺度。日本和室内的重要特征是视点低，室内的家具都很低，进入榻榻米，人们席地而坐（图1-163）。

 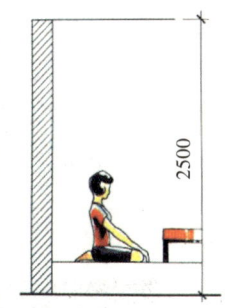

图1-163　日本和室的视点低

 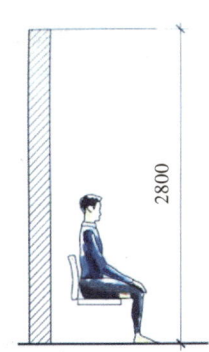

图1-164　中国传统建筑空间较为高大

2. 陈设配置与空间形态相符

对于形态规则的空间来说，陈设设计可以采用均衡性原则，各元素形态、色彩、材质等采用对称布局方式，营造出一种端正稳定的平衡状态。例如在传统中式风格中，居室厅堂内摆放的桌椅及艺术装饰品采用左右对称的方式，但是在设计时应避免室内环境过于呆板和平淡（图1-165）。

图1-165 传统中式风格的对称设计

在现代室内设计中,由于空间功能趋向复杂多样化,采用非对称的布局往往能满足需求。这种方式虽然在尺寸、色彩等方面不完全一样,但是在构图与视觉上能达到整体均衡。这种平衡方式比对称式更灵活多变,又能满足人的稳定感(图1-166)。在室内装饰中应综合运用不同的均衡形式,以达到所需的视觉效应。

图1-166 运用非对称均衡的布局

如果是在不规则的空间形态里,陈设配置就要因地制宜,采取灵活的布置,与之相协调(图1-167)。

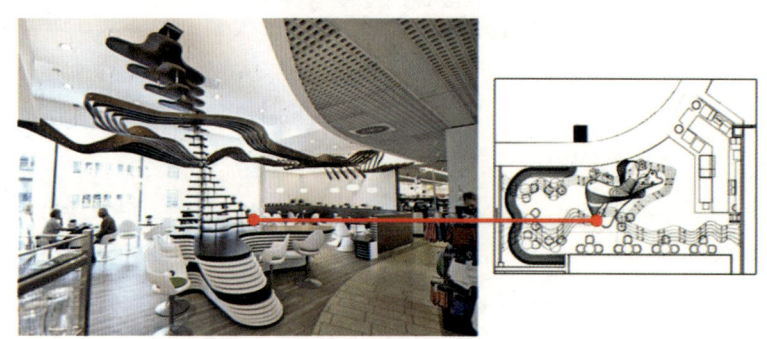

图1-167 陈设设计采取灵活的布置

3. 合理划分空间

在室内空间中，由于墙面、地面和顶面所围合的一次空间在结构上难以改变，往往不能发挥空间的功能特色和使用率，很难完全满足使用者生理上和心理上的需求。合理利用陈设配置对空间进行间隔，创造出空间的区域性和联系性，使人们产生心理上的空间限定。一般情况下，可以将空间划分为全封闭、半开放和开放空间。人们只有在与自己身体比例协调、具有安定性、私密性的空间内才能真正意识到自我的存在，并感受到舒适安逸。

（1）家具隔断组合应用

低矮的家具、屏风、纱帘、透空式隔断等可以分隔空间，适当地阻止视线直视，又可以强调空间的流动性和连续性，从而形成半开放空间（图1-168）。

图1-168　家具隔断的组合应用

（2）以水体绿化分隔空间

以水体、绿化分隔空间，可以在建筑内部空间中形成不同的活动区域，起到类似围栏、屏风的作用，所应用的范围十分广泛。例如：在各空间交界处、厅室与走道之间放置植物，或在某些高大空间内以绿化分隔出私密性要求不同的小空间，还可以用绿化对室内外之间、室内地坪高差交界处等位置进行分隔（图1-169）。

图 1-169　以水体和绿化分隔空间

（3）用灯具照明划分空间

在室内陈设设计中，灯具照明是进行空间划分的重要手段，不同的空间使用照明的色相、冷暖、纯度、明度、强弱的不同，能形成空间之间的对比关系，营造出生动有个性的室内氛围（图1-170）。

图 1-170　用灯具照明划分空间

【实践活动】

1. 学生分组，每组找一个风格的主题餐厅照片，用多媒体投影仪投影到黑板上，说出照片内的陈设配置都有哪些。
2. 说出陈设配置有什么作用。

【活动评价】（表 1-15）

表 1-15

	评分项目	学生自评	小组评定	教师评分	平均分	总评分
评分细项（100%）	陈设配置的分类					
	陈设配置的作用					
签 名						

任务 2 陈设配置设计

【任务描述】

> 过该任务的实践，学生能绘制常见主题餐厅的家具、织物、功能性陈设品和装饰性陈设品、绿化；能完成公共区域、餐饮区域的陈设设计。

【任务实施】

一、讲解示范，了解常见主题风格餐厅的陈设特点

（一）家具陈设
（二）织物陈设
（三）功能性（实用性）陈设
（四）装饰性（观赏性）陈设
（五）绿化陈设

二、说一说

针对自己的主题餐厅的定位和风格，结合平面、各界面的设计，说说你应该选用什么样的陈设品。

【学习支持】

一、家具陈设

餐厅餐饮区域的家具主要包括以下分类：餐桌、餐椅、卡座、沙发、吧凳、吧桌、餐柜、酒柜等。

1. 就餐大厅和包间

餐桌的形式以桌面形式分，主要有矩形桌与圆形桌两大类，矩形桌包括正方桌，长方桌，多边桌等，圆形桌包括圆桌，椭圆桌等。不同的就餐习惯会选用不同形式的餐桌和餐椅。中式餐饮一般采取圆桌或接近方形的长方形共餐的形式，餐桌的长宽比设计不会太大，盘菜摆放在餐桌中间，能够制造和谐融洽的气氛（图1-171）。

图1-171 中餐厅多选择圆形的桌子

在西餐厅，当人数较多时，可以选用长宽比较大的长方形餐桌，如果就餐人数少，只有四人，就可选用正方形西餐桌。随着季节和主题的不同，在西餐桌配上桌布，调换不同质感和花色的桌布，可以调节餐厅的用餐环境。餐桌上还可以配置一些插花、烛台、精美的餐具等做装饰（图1-172）。

图1-172 西式餐饮往往选择长方形的桌子

原木餐桌椅显现天然纹理，透露着自然淳朴的气息；金属钢管配以人造革或纺织物的组合家具，线条优雅，具有时代感，表现材质对比效果；木质结构和硬包组合的家具，随着布艺材料、质感、花色和颜色的不同，可以表达不同的主题风格特点（图1-173，图1-174）。

图1-173　木质餐桌椅

图1-174　多种材料组合的餐桌椅

2. 卡座区

卡座区除了可以选用长方形的餐桌以外，还可以选择高靠背的弧形、U形沙发等多种家具形式，营造舒适惬意的氛围（图1-175，图1-176）。

图1-175　选用弧形的沙发

图1-176　选用长方形的沙发

3. 吧区

吧区的酒柜、装饰柜等往往是餐饮大厅的视觉中心，能很好地体现主题风格。吧区除设吧台席外，通常还设置一些2～4人的散座，常选用座椅造型随意，桌子较小的沙发形式（图1-177，图1-178）。

图 1-177　具有江南地区设计风格的吧区

图 1-178　吧区常选用沙发形式

二、织物陈设

织物陈设包括地毯、墙布、织物顶棚、窗帘帷幔、坐垫靠垫、装饰壁挂、各种家具蒙面材料等等，既有实用性，又有很强的装饰性，能很好地表现主题特征。织物的不同色彩、图案、肌理及品质，都会给人带来不同的心理感受：大图案给人简洁醒目的印象，小图案带给人秀美之感；丝绸质地轻薄，给人以动感；麻绒质地厚实，富有立体感（图1-179，图1-180）。

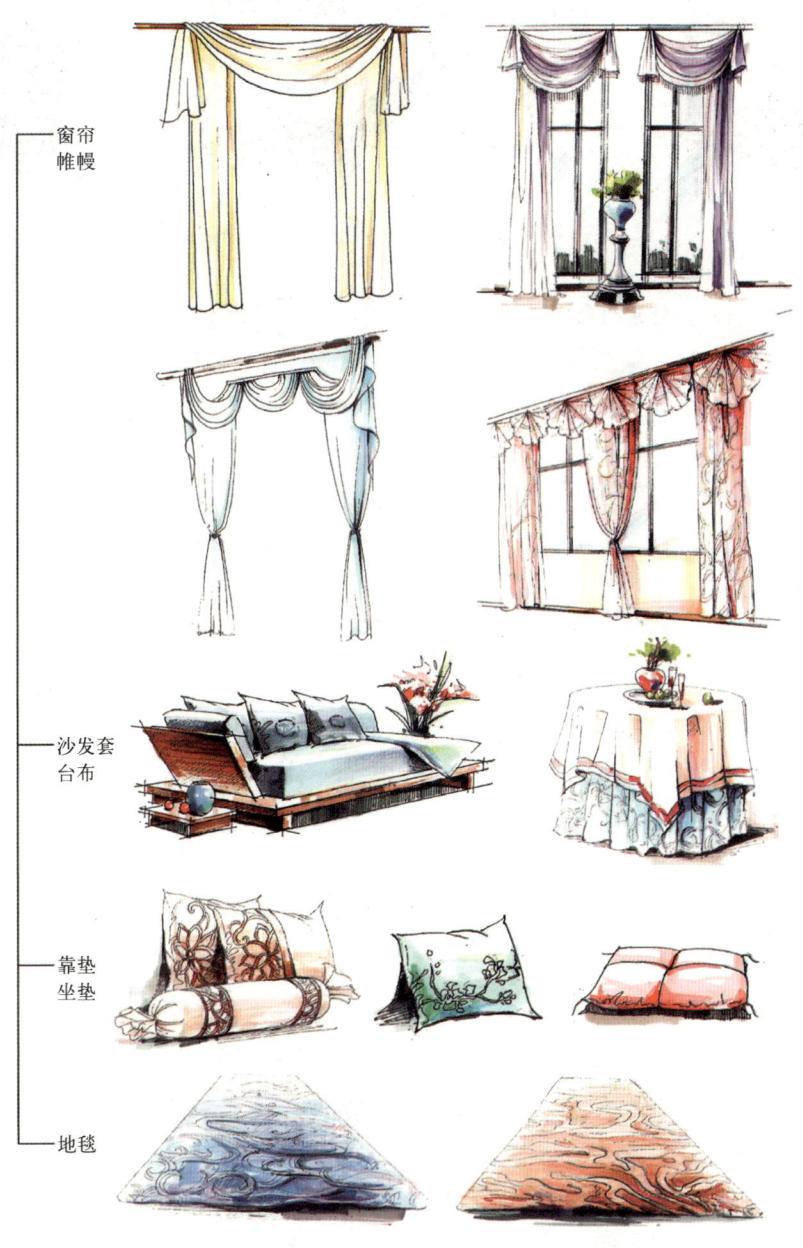

图1-179　织物陈设能柔化空间

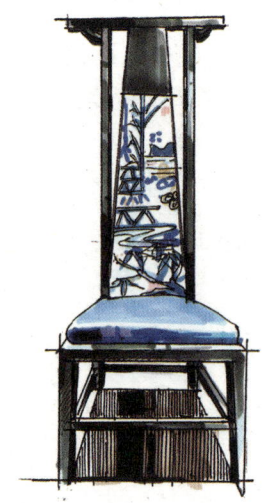

图 1-180　家具蒙面是很重要的设计元素

由于主题餐厅使用多种织物陈设，其颜色的选用必须遵循以下原则：

（1）地毯、墙布、窗帘等较大面积的织物色彩要配合餐厅的主色调，与之协调。

（2）较小面积较的物品，如靠垫、装饰壁挂等采用比较鲜明的色彩、图案或质地，使室内有变化，增添活跃的气氛。

（3）根据不同的风格和窗户形状选用不同的窗帘，有时可以改变不好的窗户比例带来的视觉感受。例如矮而宽的窗户可使用齐地的长窗帘，可在视觉上加大长度。

三、功能性（实用性）陈设

功能性（实用性）陈设是指具有一定使用价值且又有一定的观赏性或装设作用的陈设品，如家用电器、灯具、器皿、书籍、玩具等，它们既是人们日常生活的必需品，有很强的观赏性，同时又能起到美化空间的作用（图 1-181，图 1-182）。

灯饰，除了满足照明的需要，还具有很强的观赏性，灯具的造型和质感符合空间风格和氛围，可以突出空间主次关系，丰富空间层次。如现代风格的灯具造型新潮，注重自然与实用，在功能上也比较人性化；对传统中国元素进行提取，形成新中式的符号，运用在灯具上，气质高雅；西式灯具则体现的是一种金碧辉煌、奢华大气之感。

同样造型的灯具，如果选用不同的材料，最后表现出来的效果大不一样。比如木材质做成的灯具色泽悦目，纹理美观；竹材和藤材具有很好的环保性，能演绎出自然纯朴的风格，满足人们对大自然的怀念与向往的精神需要。金属灯具能表现出现代理性、冷漠冰爽的感觉特性，由于采用大工业生产，因此在形态上常选用几何形的组合，在色彩上常是金属的本色、黑色、银色、金色等。由于金属材料良好的力学性能，可以使用非常纤细的结构来承担承重和平衡的功能，形成轻盈的态势（图 1-183）。

模块1
主题餐厅装饰设计

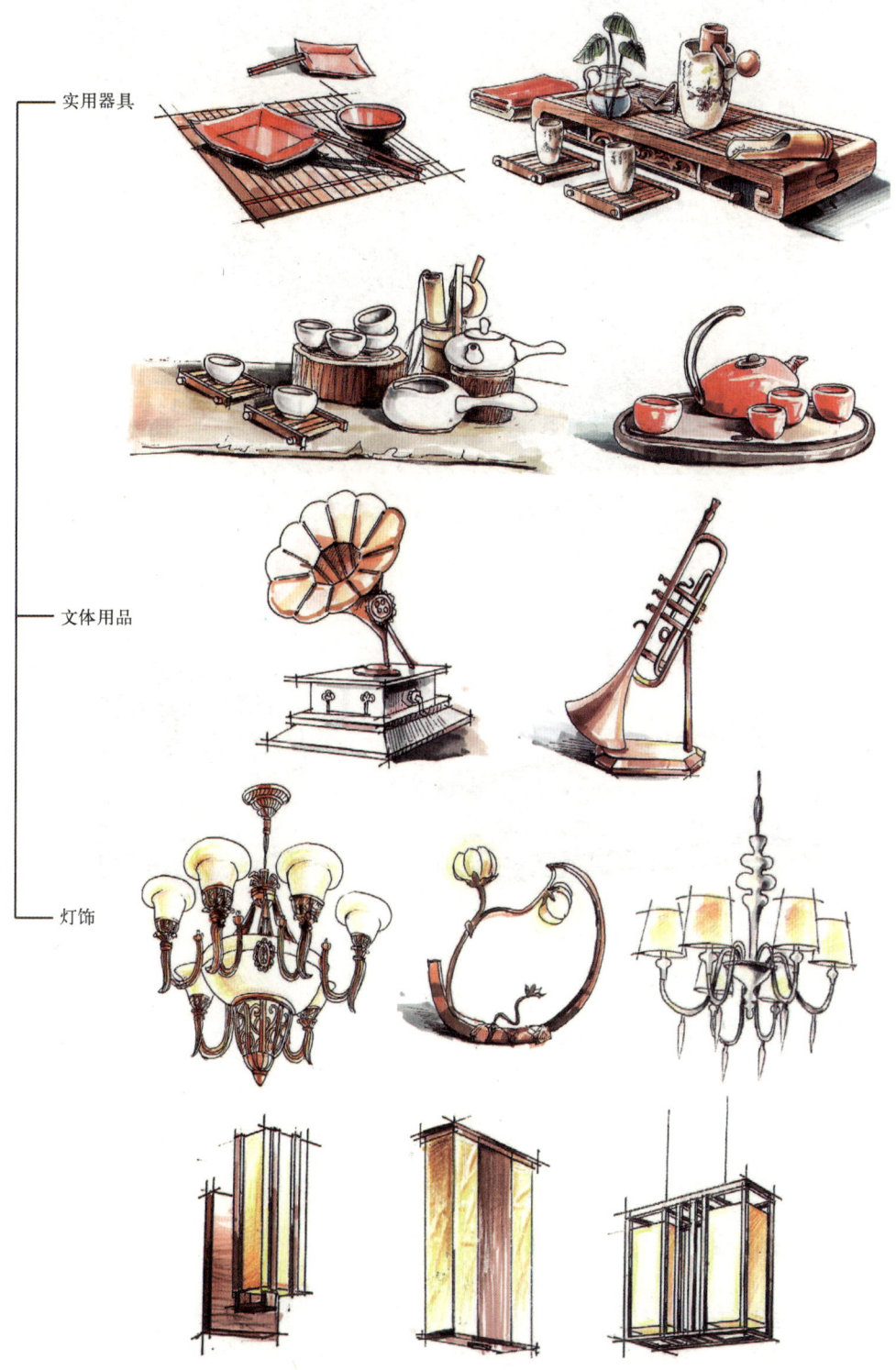

图 1-181　功能性陈设品的分类

图 1-182　书籍茶具灯具等功能性陈设品的综合应用

图 1-183　用不同材料做的灯饰

四、装饰性（观赏性）陈设

装饰性（观赏性）陈设指本身没有多少使用功能而纯粹作为观赏的陈设品，如绘画、雕塑、工艺品等，虽然没有多少物质功能，却能给室内增添艺术情趣，陶冶人的性情，是主题餐厅不可缺少的设计元素（图 1-184，图 1-185）。

五、绿化陈设

植物的选用要配合餐厅的主题。在绿岛餐厅中，设计围绕"绿"展开，提取与"绿岛"相关的元素：花、叶子、树等，每个卡座在设计上自成一个独立的小空间，供人聊天休憩。通过珠帘以及把树、竹抽象变形产生的竖管元素组合应用，配合灯光颜色，营造出让人舒适放松的空间环境（图 1-186）。

图 1-184 装饰性陈设

图 1-185　艺术纸伞作装饰性陈设

图 1-186　广州绿岛餐厅

在进行主题餐厅绿化布置时，要考虑植物的美学效果，植物的大小要与空间的尺度相协调，植物的高度不应过高，否则会给人一种很压抑的感觉。既要满足植物的生存条件，如光照、温度和湿度，还要满足人们的视觉需求。不使用带刺，带异味，有毒的植物。室内植物不仅可以与室内元素结合，形成隔断，还可以作为背景墙，引人入胜（图1-187）。

图 1-187　绿化陈设的选用

【实践活动】

根据主题餐厅构思，选用合适的陈设配置，选择大厅，门厅或包间绘制陈设配置图。

【活动评价】（表 1-16）

表 1-16

	评分项目	学生自评	小组评定	教师评分	平均分	总评分
评分细项（100%）	家具陈设设计					
	织物陈设设计					
	功能性陈设设计					
	装饰性陈设设计					
	绿化陈设设计					
签　名						

【作品欣赏】（图 1-188 ～图 1-190）

图 1-188　日式主题餐厅的家具陈设设计

图 1-189 日式主题餐厅的功能性陈设设计

图1-190 日式主题餐厅的装饰性陈设设计

项目6 主题餐厅装饰设计方案图计算机绘制要求

【项目概述】

运用AutoCAD即计算机辅助设计软件，上机完成主题餐厅装饰设计方案图，能灵活运用CAD的应用及操作技巧，培养学生按照行业规范利用计算机应用软件绘制平面布置图、顶棚平面图、(剖)立面图、节点图、大样图等全套方案图,强调快捷键的使用,提高绘图速度。

【任务实施】

一、教师讲解房屋建筑室内装饰施工图的制图深度

1. 施工设计图纸应包括平面图、顶棚平面图、立面图、剖面图、详图和节点图。
2. 各部分图纸包括的内容,图纸应符合的各项规定。

二、练习

根据手绘的平面布置图、顶棚平面图、立面图、剖面图、详图和节点图,运用AutoCAD辅助设计软件完成电脑图的绘制。

【学习支持】

一、装饰平面图应包括以下内容

1. 平面布置图(图1-191)

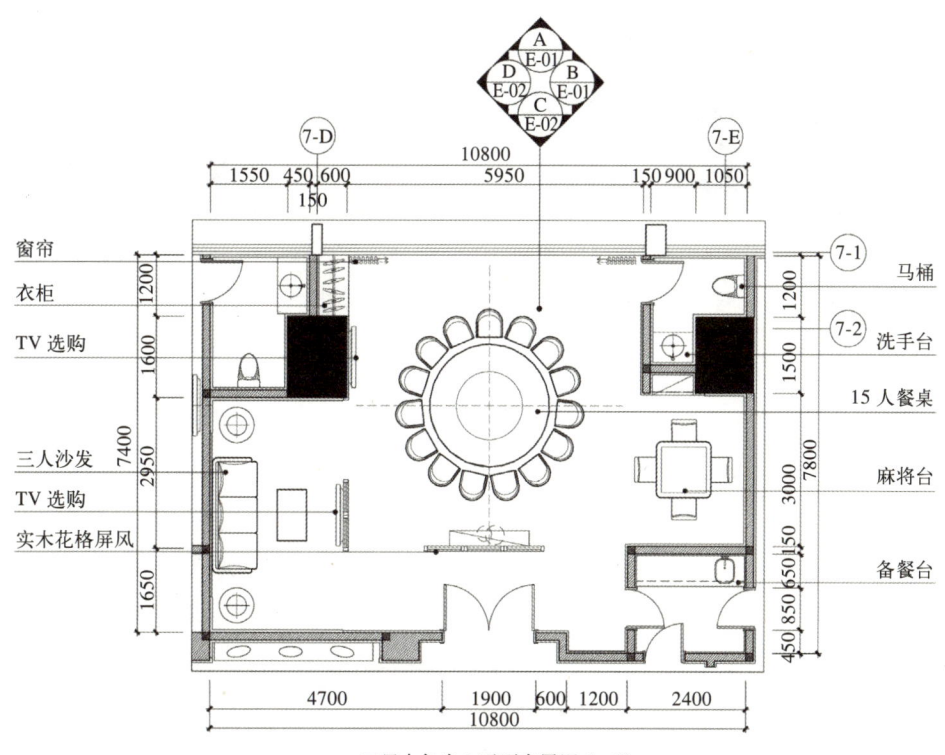

图1-191 平面布置图

施工图中的平面布置图可分为陈设、家具平面布置图、部品部件平面布置图、设备设施布置图、绿化布置图、局部放大平面布置图。平面布置图需要满足以下规定：

（1）陈设、家具平面布置图应标注陈设品的名称、位置、大小、必要的尺寸以及布置中需要说明的问题；应标注固定家具和可移动家具及隔断的位置、布置方向，以及柜门或橱门开启方向，并应标注家具的定位尺寸和其他必要的尺寸。必要时，还应确定家具上电器摆放的位置。

（2）规模较小的房屋建筑室内装饰装修中陈设、家具平面布置图、设备设施布置图、绿化布置图、立面索引图，可合并。

（3）应标注所需的构造节点详图的索引号。

（4）对于对称平面，对称部分的内部尺寸可省略，对称轴部位应用对称符号表示，轴线号不得省略；楼层标准层可共用同一平面，但应注明层次范围及各层的标高。

2. 平面定位图（图 1-192）

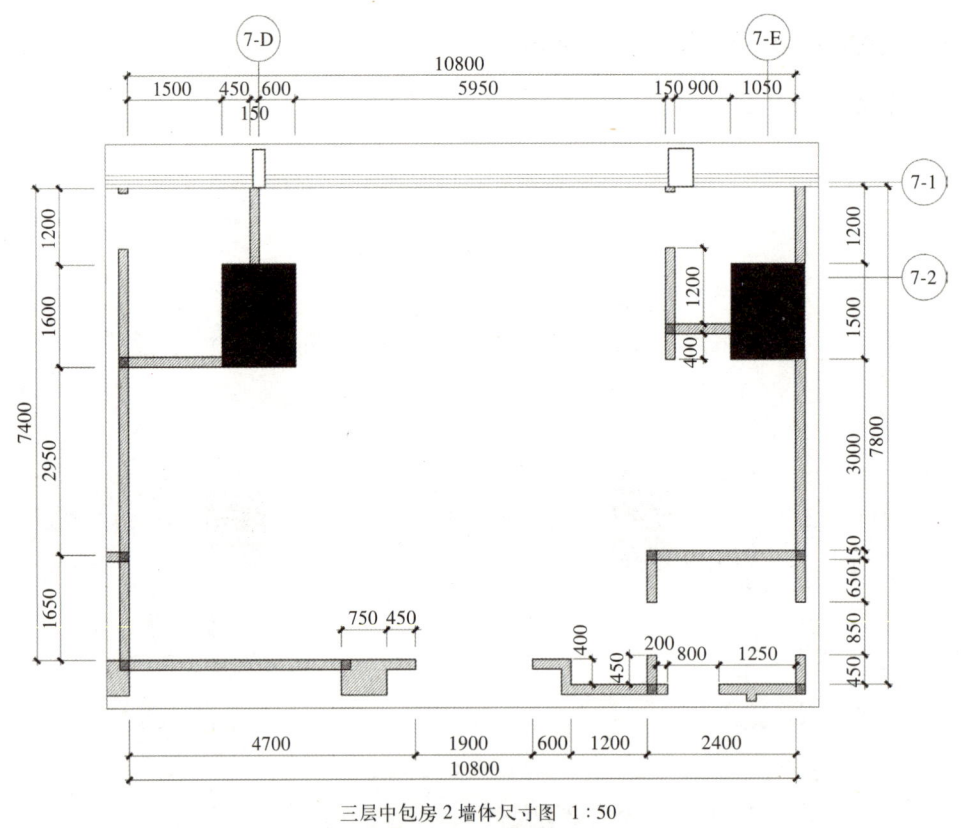

图 1-192　平面定位图

施工图中的平面定位图应表达与原房屋建筑图的关系，并应体现平面图的定位尺寸。应标注下列内容：

（1）房屋建筑室内装饰装修设计对原房屋建筑或原房屋建筑室内装饰装修的改造状况。

（2）房屋建筑室内装饰装修设计中新设计的墙体和管井等的定位尺寸、墙体厚度与材料种类，并注明做法。

（3）房屋建筑室内装饰装修设计中新设计的门窗洞定位尺寸、洞口宽度与高度尺寸、材料种类、门窗编号等。

（4）房屋建筑室内装饰装修设计中新设计的楼梯、自动扶梯、平台、台阶、坡道等的定位尺寸、设计标高及其他必要尺寸，并注明材料及其做法。

（5）固定隔断、固定家具、装饰造型、台面、栏杆等的定位尺寸和其他必要尺寸，并注明材料及其做法。

3. 地面铺装图（图1-193）

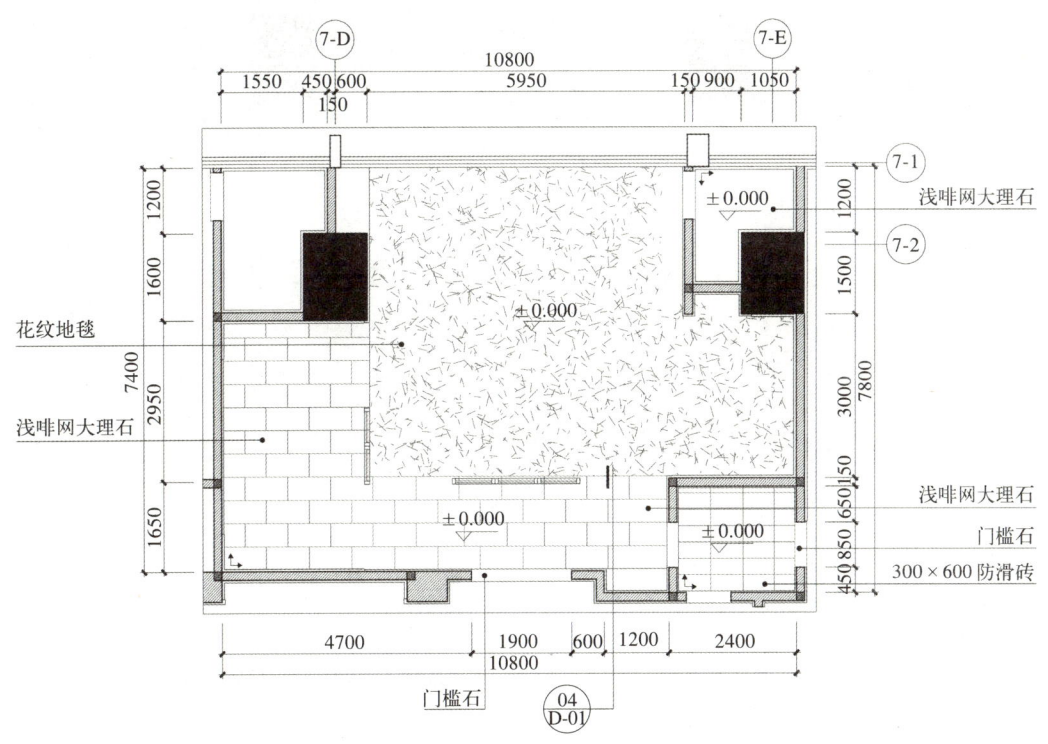

图1-193　地面铺装图

施工图中的地面铺装图应标注以下内容：

（1）地面装饰材料的种类、拼接图案、不同材料的分界线。

（2）地面装饰的定位尺寸、规格和异形材料的尺寸、施工做法。

（3）地面装饰嵌条、台阶和楼梯防滑条的定位尺寸、材料种类及做法。

4. 房屋建筑室内装饰装修设计应绘制索引图。索引图应注明立面、剖面、详图和节点图的索引符号及编号,并可增加文字说明帮助索引。在图面比较拥挤的情况下,可适当缩小图面比例。

二、装饰天花平面图应包括以下内容

1. 天花平面图(图1-194)

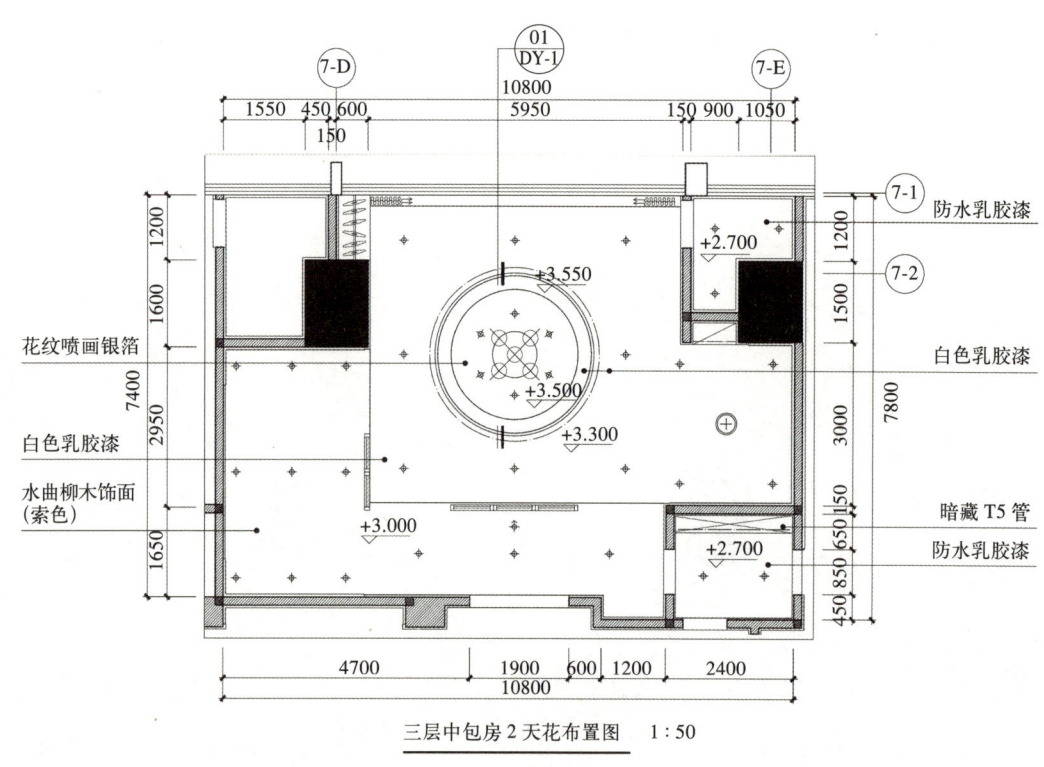

图1-194 天花平面图

施工图中的顶棚平面图应符合下列规定:

(1)应标明天花造型、天窗、构件、装饰垂挂物及其他装饰配置和饰品的位置,注明定位尺寸、标高或高度、材料名称和做法。

(2)应标注所需的构造节点详图的索引号。

(3)对于对称平面,对称部分的内部尺寸可省略,对称轴部位应用对称符号表示,轴线号不得省略;楼层标准层可共用同一天花平面,但应注明层次范围及各层的标高。

2. 天花装饰灯具布置图应标注所有明装和暗藏的灯具(包括火灾和事故照明灯具)、发光天花、空调风口、喷头、探测器、扬声器、挡烟垂壁、防火卷帘、防火挑檐、疏散和指示标志牌等的位置,标明定位尺寸、材料名称、编号及做法(图1-195)。

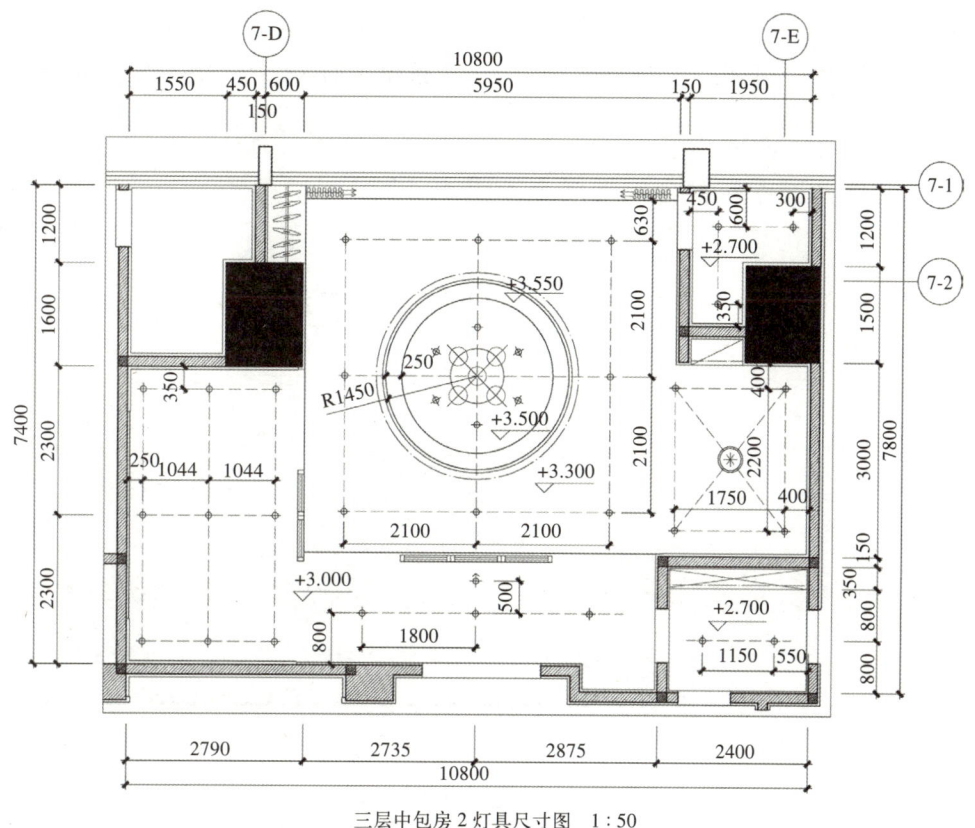

图 1-195 天花装饰灯具布置图

三、装饰立面图应符合以下规定

1. 应绘制立面左右两端的墙体构造或界面轮廓线、原楼地面至装修楼地面的构造层、天花面层、装饰装修的构造层。

2. 应标注设计范围内立面造型的定位尺寸及细部尺寸。

3. 应标注立面投视方向上装饰物的形状、尺寸及关键控制标高。

4. 应标明立面上装饰装修材料的种类、名称、施工工艺、拼接图案、不同材料的分界线。

5. 应标注所需的构造节点详图的索引号。

6. 对需要特殊和详细表达的部位，可单独绘制其局部放大立面图，并应标明其索引位置。

7. 无特殊装饰装修要求的立面，可不画立面图，但应在施工说明中或相邻立面图纸上予以说明。

8. 各个方向的立面应绘齐全，对于差异小、左右对称的立面可简略，但应在与其对称的立面的图纸上予以说明；中庭或看不到的局部立面，可在相关的剖面图上表示，当剖面图未能表示完全时，应单独绘制。

9. 对于影响房屋建筑室内装饰装修效果的装饰物、家具、陈设品、灯具、电源插座、通信和电视信号插孔、空调控制器、开关、按钮、消火栓等物件，宜在立面图中绘制出其位置。

四、装饰剖面图应符合以下规定（图 1-196）

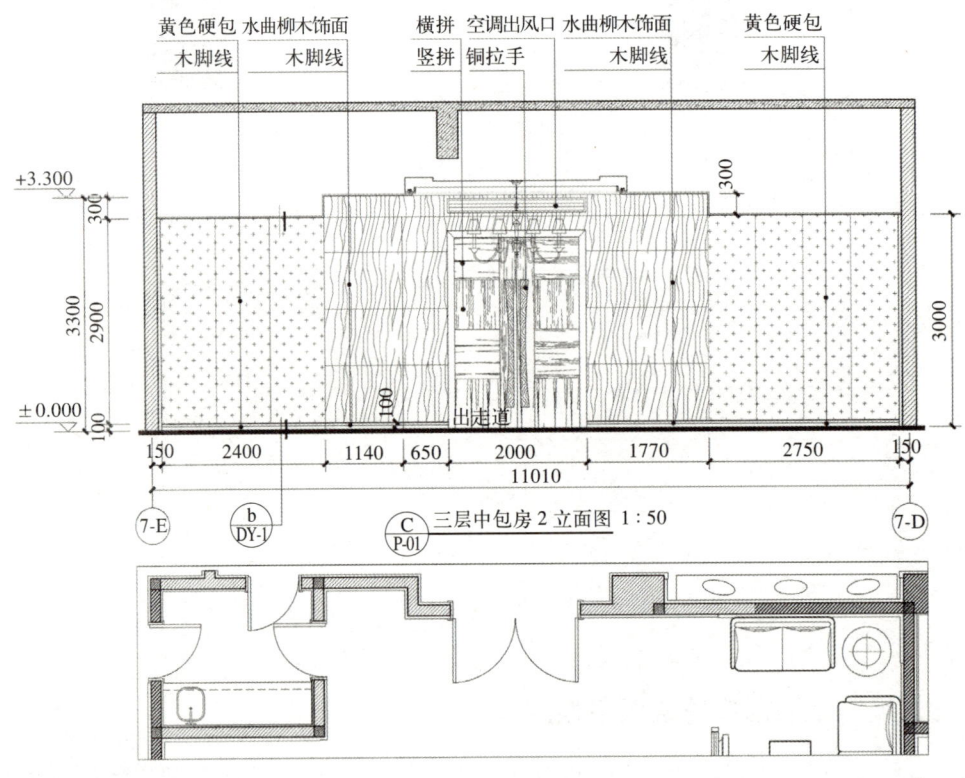

图 1-196 剖面图

1. 应标注平面图、天花图和立面图中需要清除表达部分的详细尺寸、标高、材料名称、连接方式和做法。
2. 剖切的部位应根据表达的需要确定。
3. 应标注所需的构造节点详图的索引号。

五、装饰详图应符合下列规定

施工图应将平面图、天花图、立面图和剖面图中需要更清晰表达的部位索引出来，并应绘制详图或节点图。

施工图中的详图的绘制应符合下列规定：

1. 详图应标明物体的细部、构件或配件的形状、大小、材料名称及具体技术要求，注明尺寸和做法。

2. 对于在平、立、剖面图或文字说明中对物体的细部形状无法交代或交代不清的，可绘制详图。

3. 应标注详图名称和制图比例。

六、装饰节点图应符合下列规定

1. 应标明节点处构造层材料的支撑、连接的关系，标注材料的名称及技术要求，注明尺寸和构造做法。

2. 对于在平、立、剖面图或文字说明中对物体的构造做法无法交代或交代不清的，可绘制节点图。

3. 应标注节点图名称和制图比例（图1-197）。

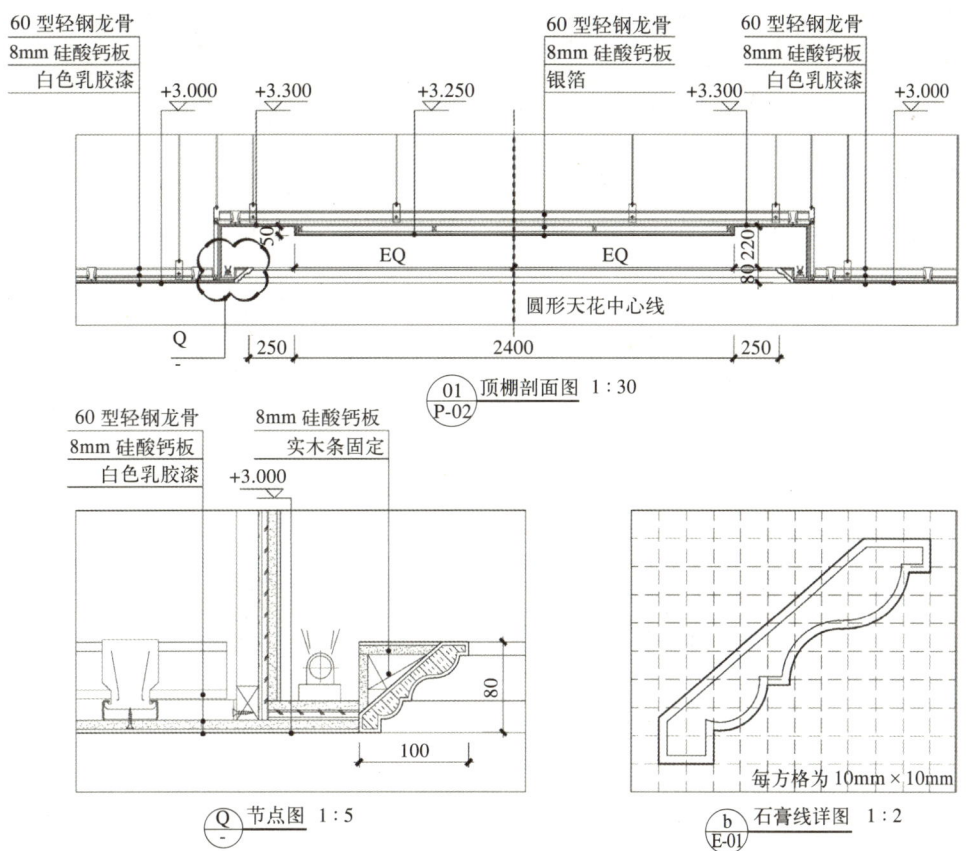

图1-197 详图、节点图

【实践活动】

一、运用AutoCAD绘制项目二的手绘平面布置图。

二、运用AutoCAD绘制项目三的手绘顶棚平面图。

三、运用 AutoCAD 绘制项目四的立面图、剖面图、详图、节点图。

【活动评价】

表 1-17

	评分项目	学生自评	小组评定	教师评分	平均分	总评分
评分细项 （80%）	平面布置图					
	顶棚平面图					
	立面图					
	剖面图					
	详图、节点图					
整体版面（20%）						
签　名						

【知识链接】

与照明相关的图纸有强电位置示意图（图 1-198）、弱电位置示意图（图 1-199）、灯控布置图（图 1-200）。

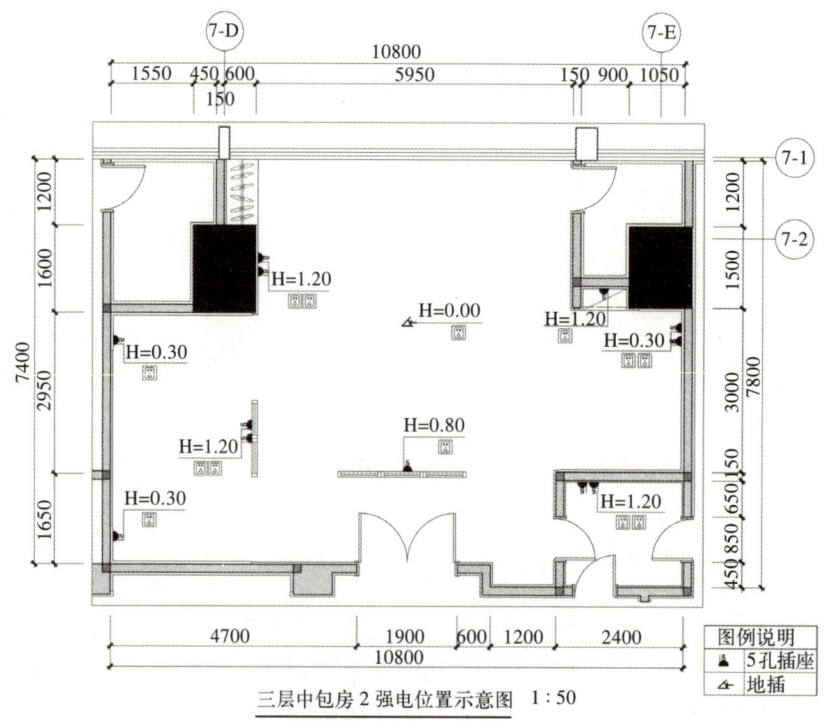

图 1-198　强电位置示意图

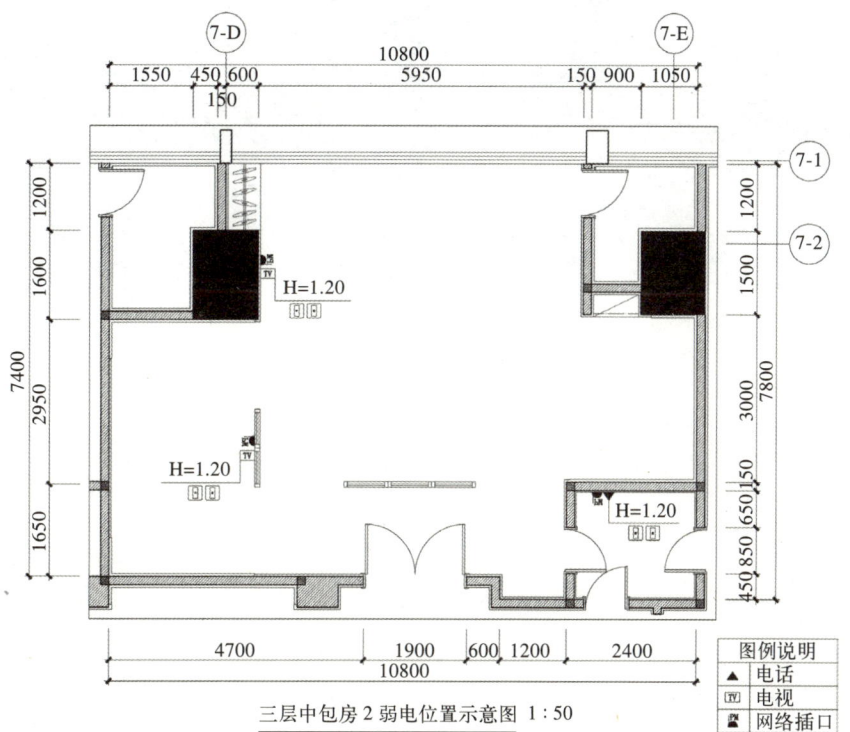

图 1-199　弱电位置示意图

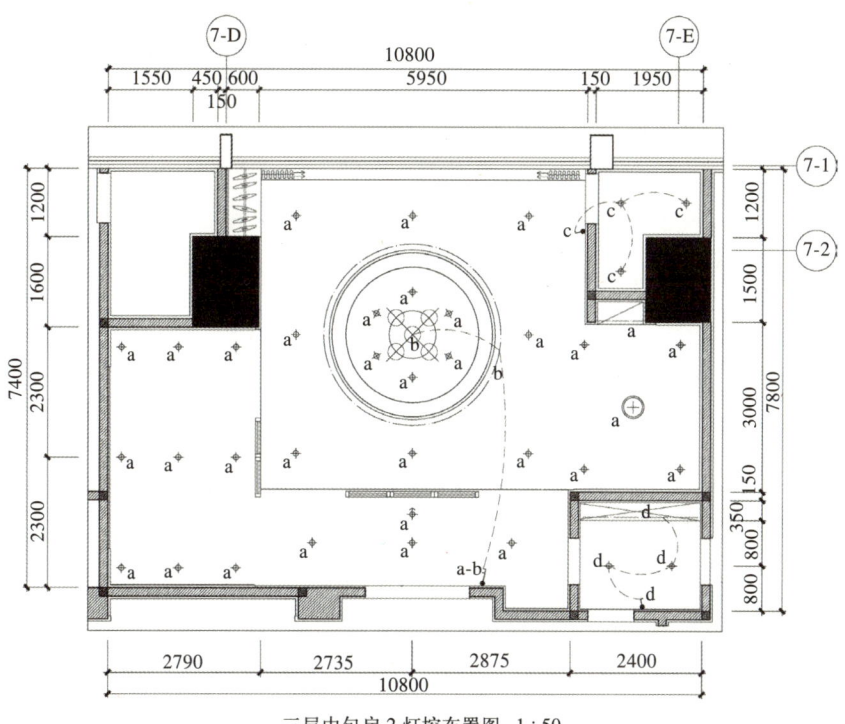

图 1-200　灯控布置图

模块 2
服装专卖店装饰设计

项目 1　服装专卖店调研

【项目概述】

通过参观调研一系列服装专卖店，学生能辨认专卖店的顾客群体；能说出针对该顾客群体的平面空间布局要求；能说明特点顾客群体服装专卖店的界面设计色彩及材料要求。

任务 1　服装专卖店人群定位

【任务描述】

通过对商场或者繁华步行街现有的服装专卖店的调研，能辨认该服装专卖店服务的顾客群体；能说出该专卖店的通过哪些手法来突出该顾客群特色。

【任务实施】

一、辨认图片风格

辨认图 2-1，说明图片中专卖店的顾客群体定位，指出它们的设计特色。

从这组图片橱窗、展示台、货架等尺度及其活泼鲜艳的色彩，可以看出这组图片的服装专卖店的顾客群定位都是儿童。童装店主要是为孩子们服务，设计时色彩上多以纯色做主基调，再以鲜艳的、反差较大的色彩做点缀，以衬托儿童服装的特色，营造出符合儿童心理的温馨舒服的购物环境。在空间布局上注重空间的自由多变，让儿童在无拘无束的购物环境中表现童真，勾勒属于他们的生活天地。

图 2-1　顾客群认知

二、辨认图片风格

辨认图 2-2，说明图片中专卖店的顾客群体定位，指出它们的设计特色。

图 2-2　LILY 服装专卖店

从这组图片明快的色彩、流畅的线条、极具时尚感的流水台等可以看出，LILY服装专卖店的顾客群体为年轻时尚的职场女性，服装用途主要为商务休闲装。由于该品牌服装特色为"力度、女性化、现代、明快"，为突出发装特色，在专卖店设计上，采用超现实主义、摩登时代、拜占庭艺术等时尚潮流元素，以简洁利落的廓形、独具创意的色彩和简洁流畅的开放式空间布局创造出独特的商务时装空间。

三、辨认图片风格

辨认图 2-3，说明图片中专卖店的顾客群体定位，指出它们的设计特色。

从图 2-3 这组图片沉稳的色调、简洁大方的空间布局、较刚硬的货架及展示橱窗线条可以看出，GXG 服装专卖店的顾客群体为年轻的男性，服装用途主要为白领休闲装。

店铺依据男性心胸宽广的特性，在空间布局上力求宽敞明亮，畅通无阻。色彩上则选择黑、白、灰、咖啡色这样的主色调，以保证服装的沉稳，衬托服装的都市休闲品味。

图 2-3　GXG 服装专卖店

【学习支持】

一、服装专卖店的概念

服装专卖店是指服装生产企业商自开的服装商店，用于销售自有服装品牌的服装。其店面设计要求以艺术为表现形式，创造出符合顾客心理行为，充分体现舒适感，安全感和品味感的专业性卖场。

二、服装专卖店的人群定位分类

形形色色的服装专卖店在都市中百花齐放，其分类千姿百态，按年龄层次分为儿童服装店、成人服装店；按性别分男装店、女装店；按用途分职业正装店、休闲服装店、运动服装店等；按照服装特色分古典风格、朴素风格、自然风格、都市风格、中式风格等。

不同种类的顾客群体，应用不同的店铺装饰手法。如休闲服装的专卖店应该给人以随意、轻松的感觉，室内空间应该有对比强烈的色彩和绚烂的灯光，折放、正面展示、侧面展示要互相穿插，货架的摆放要在随意中又有整体的感觉。女装专卖店的色彩要有女人味，淡蓝、红、紫红、驼色、粉色系的粉蓝色、粉绿色、粉紫色等都是不错的选择，专卖店内陈设的线条要流线、纤细，灯光柔和，多点镜子。而男装则以粗犷的线条，深沉的色彩为主，多用胡桃木等材料制作。下面以古典风格、自然风格、中式风格为例，说明服装专卖店中不同的顾客群体定位，有不同的设计表现手法。

1. 古典风格

作为欧洲文艺复兴时期的产物，古典风格继承了巴洛克风格的豪华、动感、多变的视觉效果，也汲取了洛可可风格中唯美、律动的细节处理元素，深沉里显露尊贵、典雅浸透豪华的设计哲学。

主要顾客人群：社会上层人士。

表现手法：把各种象征豪华的设计嵌入装修之中，室内构建要素上用彩绘玻璃吊顶、拱门、罗马柱；家具要素上收银台、货柜和展示柜常以兽腿、花束等雕刻装饰；在装饰要素上用壁纸、窗帘、地毯、壁画、西洋画等；色彩上以由墙纸、地毯、帘幔等装饰织物组成背景色调控制整个室内效果（图2-4）。

2. 自然风格

自然风格倡导回归自然，在美学上推崇自然，结合自然。自然风格主要表现为尊重民间的传统习惯、风土人情，保持民间特色，注意运用地方建筑材料或利用当地的传说故事等作为装饰的主题。

主要顾客人群：热爱休闲、自然的普遍人群。

表现手法：多采用纺物、石材、天然木、石、藤、竹等材质质朴的纹理的天然材料，室内常设置绿化，创造自然、休闲、高雅的氛围（图2-5）。

图 2-4　古典风格

图 2-5　自然风格

3.中式风格

随着众多现代派主义的出现,市场上出现了一股复古风,那就是中式商业装饰风格的复兴。中式风格总体布局对称均衡,端庄稳健,空间装饰采用简洁、硬朗的线条,体现一种追求内敛、质朴的设计风格。中式风格融合着庄重和优雅的双重品质(图2-6)。

图2-6 中式风格

主要顾客人群:成熟、稳重的中老年人。

表现手法:中式风格主要采用传统家具(多以明清风格为主)、装饰品(包括字画、匾幅、挂屏、盆景、瓷器、古玩等)及黑、红为主的装饰色彩上。室内格调高雅,造型简朴优美,色彩浓重成熟。

综合上述内容，我们可以从专卖店的室内陈设、界面色彩关系、灯光环境、材料与肌理等装饰设计手法来识别一个服装专卖店的顾客群体。反过来，当我们要设计特定顾客群体的服装专卖店时，也可以从室内陈设、界面色彩、灯光环境、材料与肌理等手法去突出。

【实践活动】

对给出的服装专卖店图片，能够说出该专卖店的消费人群定位，并说明依据。

【活动评价】（表 2-1）

表 2-1

	评分项目	学生自评	小组评定	教师评分	平均分	总评分
评分细项 (50%)	人群定位					
	特点分析					
	签　名					

【知识链接】

服装专卖店与服装专业店的区别

1. 专业店是专业化程度较高的零售商店，归属于独立的商业经营单位，他们经营的唯一目的是获取利润。专卖店通常是由生产商或与生产商有亲密关系的公司创办经营的，目的不仅获取利润，而且宣传自己的服装品牌形象。

2. 专业店常常以商品品类和商品品牌为取舍对象。专业店并不排斥品牌，所以可以更为广泛地征集服装，使某一类服装的规格、花色、品种十分齐全，满足更多顾客的需要。专卖店只卖自己品牌的服装，所以花色、号型都有限，集客能力也弱于专业店。

任务 2　服装专卖店平面空间布局

【任务描述】

> 通过调研，能辨认服装专卖店的各个功能分区；能说明各功能区的设计内容；能说明各功能区之间的空间组织关系。

模块2
服装专卖店装饰设计

【任务实施】

一、看图 2-7，辨认专卖店各个功能区域

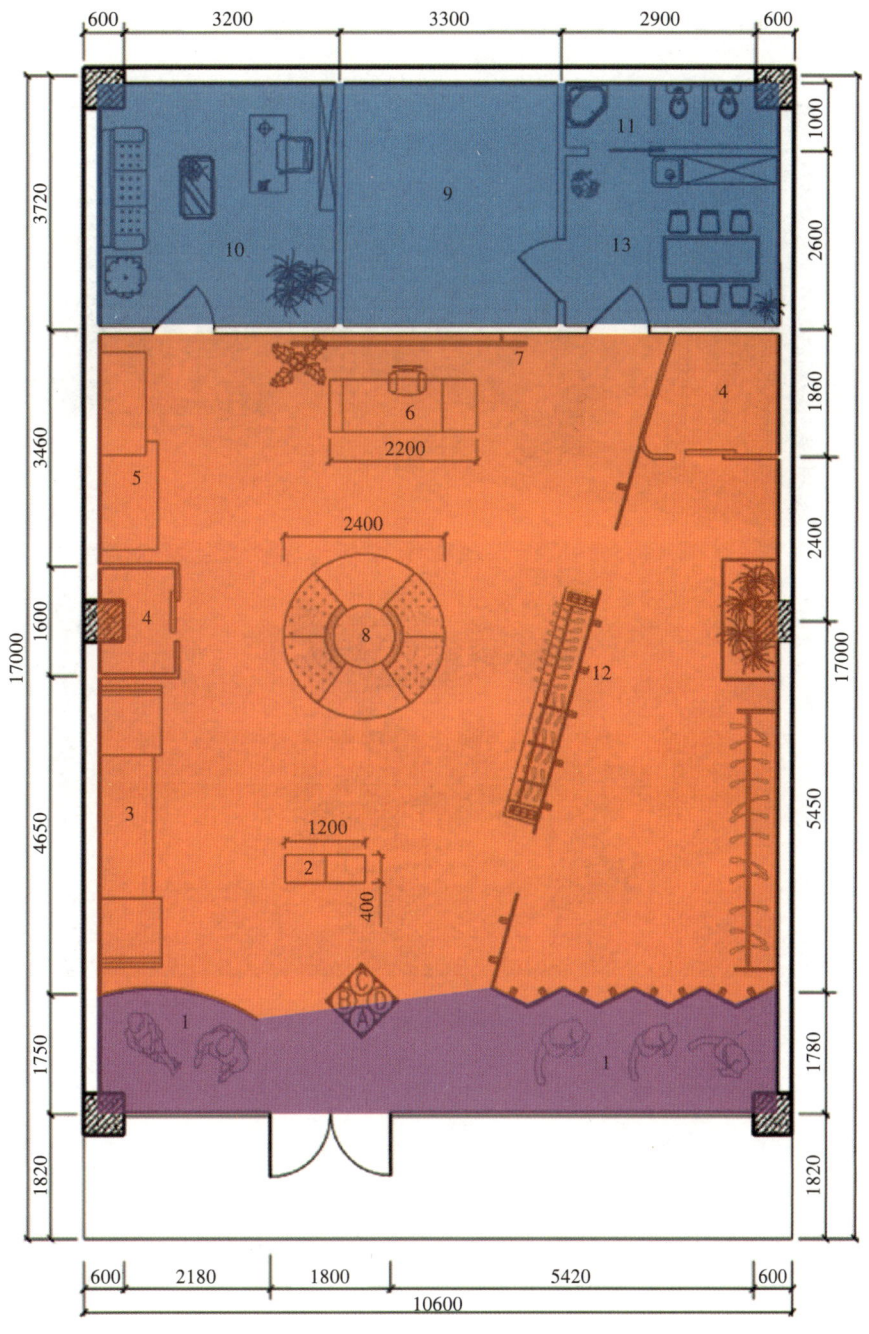

图 2-7　服装专卖店功能分区

117

二、说明各功能区域的主要的设计内容

1. 先导区

先导区是指专卖店从室外到室内，形成整体统一的视觉传递系统，吸引顾客进店并停留的关键区域。其主要设计内容包括门头设计、橱窗设计、流水台设计。先导区的位置详见图2-8中紫色覆盖区域。

图2-8　服装专卖店先导区示例图

2. 服务交易区

服务交易区服务区是专卖店的核心与主体空间，是顾客进行购物活动、对商店整体印象的主要环境场所，是营销活动、服务的核心区域。服务交易区的主要作用是货物展示及销售，服务交易区设计应有利于商品的展示和陈列，有利于商品的促销，为营业员的销售服务带来方便，最终是为顾客创造一个舒适、愉悦的购物环境。服务交易区主要设计对象就是陈列柜架、柜架之间的通道、展示节点和休息节点、试衣间、收银台及其LOGO墙等。服务交易区位置详见图2-9中红色覆盖区域。

图 2-9　服装专卖店服务交易区示例图

3. 辅助用房区

辅助用房是指保证专卖店正常运营的配套用房。其主要的设计内容有仓库、经理办公室、会议室、厕所、茶水房等，根据服装专卖店店铺所处位置和经营特点不同，设计内容有所删减。服务用房区位置详见图 2-10 中蓝色覆盖区域。

图 2-10　服装专卖店服务辅助用房区

【学习支持】

每个功能分区的空间组成及其相互关系。

无论哪种那种类别的服装专卖店，其功能组成上可分为先导区、服务交易区、附属用房区，三者之间的相互关系是根据购物的动线进行组织：先导区→吸引→进店→服务区浏览→交易区购物（或休闲）→浏览→出店。有计划的动线规划可以引导顾客在卖场中的前进步伐，顾客行动的便利是专卖店布局的目标（图2-11）。

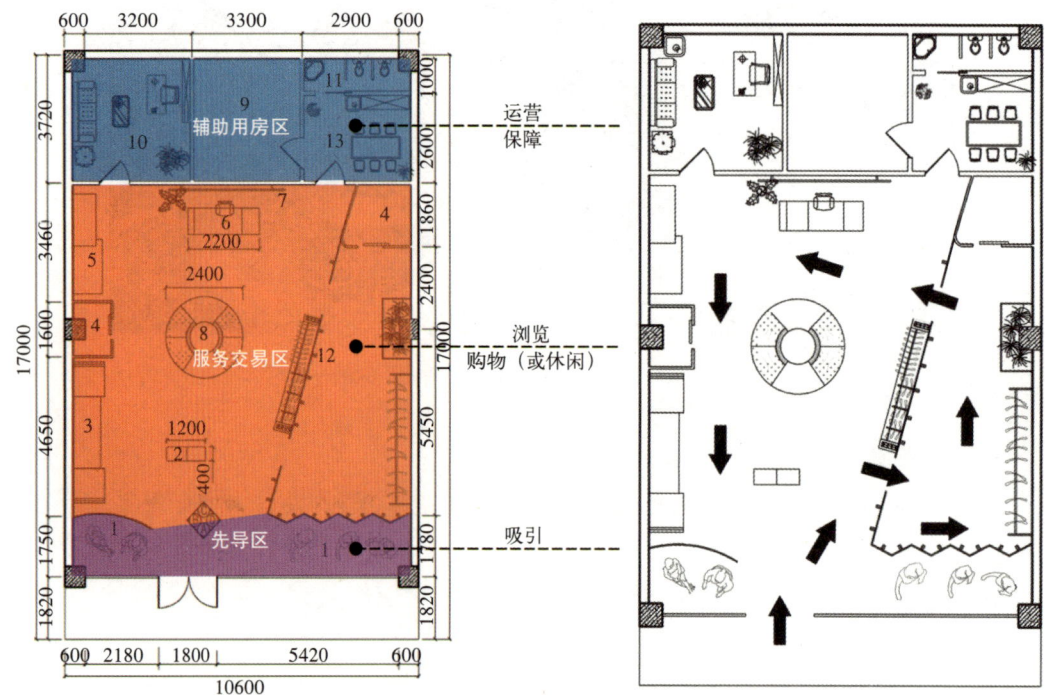

图2-11　服装专卖店功能分区及流线图

【实践活动】

对给出服装专卖店平面图，辨认服装专卖店的先导区、服务交易区及辅助用房区；能说明各功能区的设计内容。

【活动评价】

表2-2

	评分项目	学生自评	小组评定	教师评分	平均分	总评分
评分细项 （50%）	先导区理解					
	服务交易区理解					
	辅助用房区理解					
签　名						

模块2
服装专卖店装饰设计

任务3　服装专卖店各界面材料

【任务描述】

通过该任务的实践，学生能识别服装专卖店常用的装饰装修材料。

1. 调研分析地面材料。
2. 调研分析墙面材料。
3. 调研分析天花材料。

【任务实施】

1. 地面材料

分析图 2-12 的地面，说明要达到该视觉效果，可用何种装修材料。

地毯（羊毛、混纺）

地砖（人造瓷砖、天然石材）

木纹石、复合木板、原木地板、防腐木

图 2-12　地面材料示范

请写出图 2-13 地面材料名称

图 2-13　地面材料

2. 立面材料

识别图 2-14 的墙面材料。

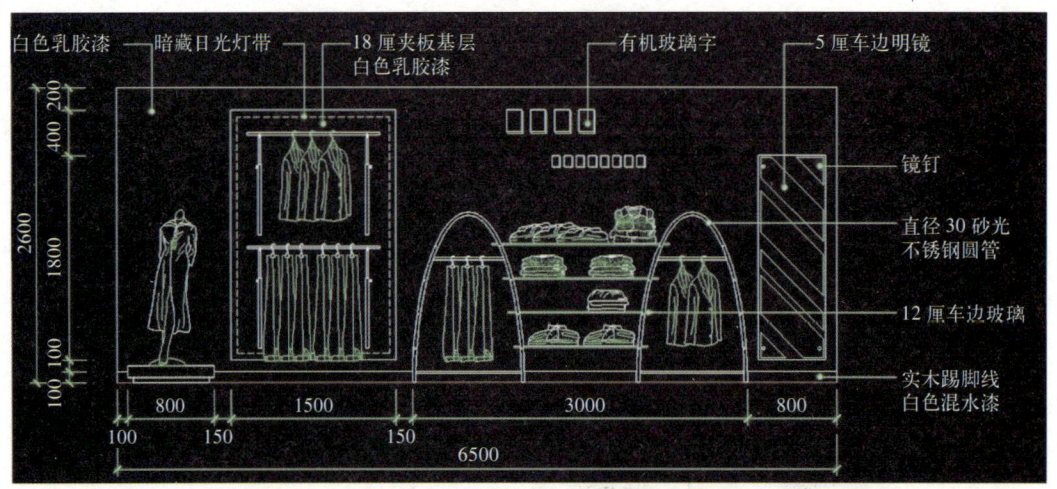

图 2-14 服装专卖店立面材料示例

分析图 2-15，写出要达到该视觉效果，可用何种装修材料。

图 2-15 服装专卖店立面材料

3. 天花材料

识别图 2-16 中天花使用的装修材料。

分析图 2-17，写出要达到该视觉效果，可用何种装修材料。

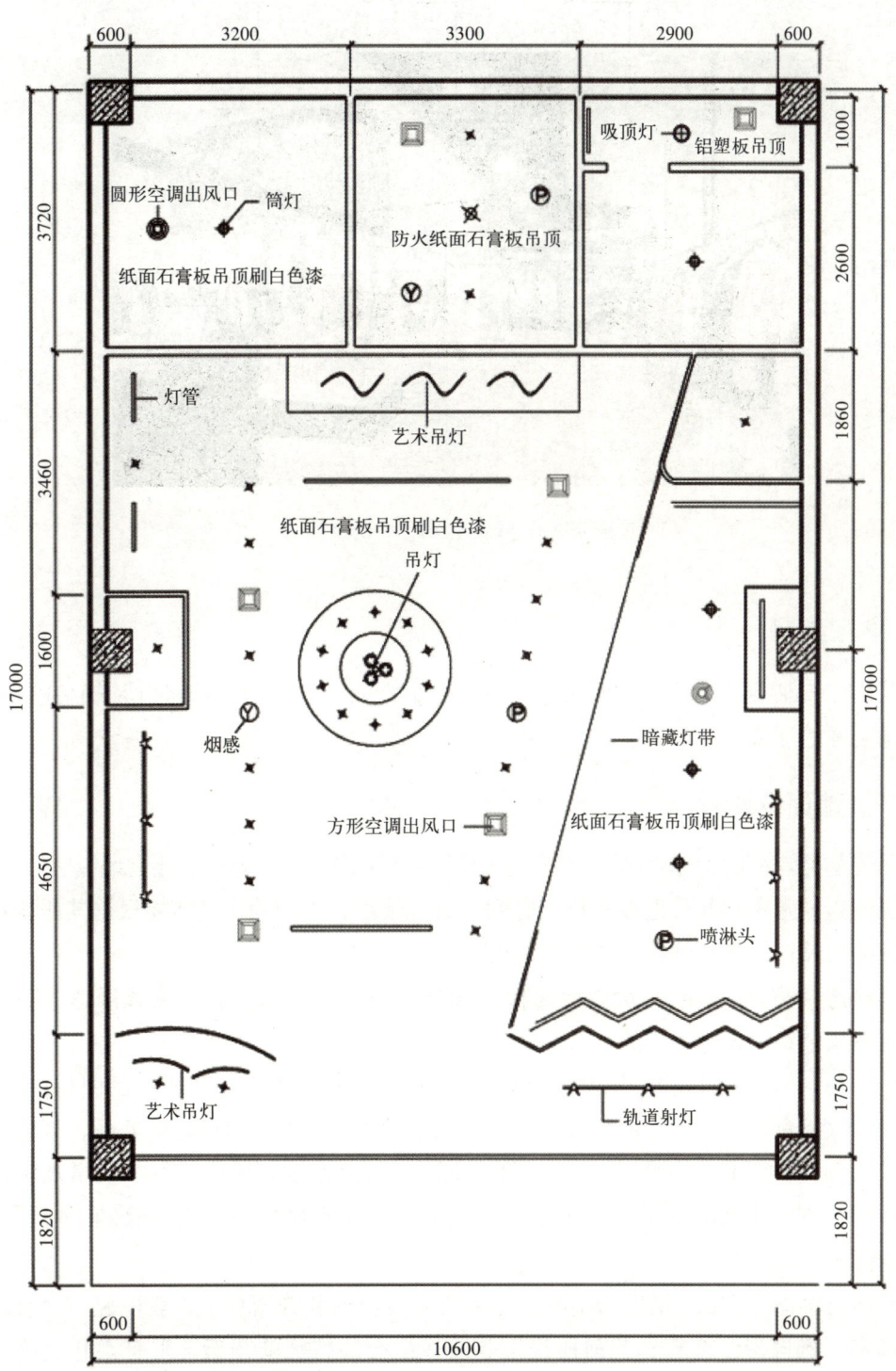

图 2-16 服装专卖店天花材料 1

图 2-17 服装专卖店天花材料 2

【学习支持】

服装专卖店有六个界面：地面、天花、四个立面。界面的装饰材料及颜色的选择，应该与店铺的环境、形象相适应。

一、地面设计

服装专卖店的地面设计内容主要有地板装饰材料和其颜色的选择，还有地板图形设计。

服装店经常用到几种地板材料，它们各有优缺点，不同的专卖店要根据其服饰种类来选择地板装饰材料和颜色及地板图形设计。

材料选择方面：服装专卖店地面材料选择的原则以简洁大方、温馨舒适、防滑耐磨、衬托服装特色为主要目的。

地面色彩方面：服装专卖店地面色彩应根据服装特色进行选择。暖色调为扩张色，冷色调为收缩色，面积小的商店地面应选择色彩明亮的暖色，以使空间开阔，视觉上得到了最大限度的延伸。如果选用暗色调的冷色地板会使空间显得更狭窄，增加了压抑感。地面装饰与服装的色彩要和谐地融为一体，突出卖场的主色调，使顾客过目不忘，印入脑海。

地面装饰图案方面：根据店铺的大小来决定材料的装饰图形。一般地说，女装店应采用圆形、椭圆形、扇形和几何曲线形等曲线组合为特征的图案，带有柔和之气，以烘托女性服装的特色；男装店应有采用正方形、矩形、多角形等直线条组合为特征的图案，带有阳刚之气，衬托男装的沉稳。童装店可以采用不规则图案，可在地板上一些卡通图案，显得活泼。

二、墙壁设计

服装专卖店墙面设计主要内容有墙面装饰材料和颜色的选择及壁面的利用。店铺的墙壁设计应与所陈列商品的色彩内容相协调,与店铺的环境、形象相适应。一般可以在壁面上架设陈列柜,安置陈列台,安装一些简单设备,可以摆放一部分服饰,也可以用来作为商品的展示台或装饰用。

三、天花板设计

天花板可以创造室内的美感,而且还与空间设计、灯光照明相配合,形成优美的购物环境。所以,对其装修是很重要的。在天花板设计时,要考虑到天花板的材料、颜色、高度,特别值得注意的是天花板的颜色。天花板要有现代化的感觉,能表现个人魅力,注重整体搭配,使色彩的优雅感显露无遗。

【实施活动】

通过调研和学习,对给出效果图能说出其相关地面、立面、顶棚的材料。

【活动评价】(表2-3)

表2-3

	评分项目	学生自评	小组评定	教师评分	平均分	总评分
评分细项 (100%)	地面材料识别					
	立面材料识别					
	天花材料识别					
签 名						

项目2 服装专卖店平面设计

【项目概述】

通过布置给定服装专卖店的平面,学生能说明商业性建筑室内设计——服装专卖店的平面功能大致分区,能绘制泡泡图。能记住各功能区家具、交通交往尺度等相关人体工程学数据,能根据设计任务书要求结合建筑结构与构造、设施与设备特征,能调整和优化建筑空间布局,绘制平面布置图。

任务 1　平面功能分区

【任务描述】

通过该任务的实践，学生能说明商业性建筑室内设计——服装专卖店平面的三大功能分区：先导区、服务交易区、辅助用房区，知道三大功能区之间的关系，能绘制泡泡图。

【任务实施】

一、设计任务书的布置

（一）教学目的

按照所附服装专卖店平面图，运用室内设计原理，初步完成商业性平面功能分区气泡图。

（二）设计概况

1. 服装店位于城市商业街，面积约150m^2，可根据自己所构思的服装专卖店服装自身的定位、特征确定专卖店名称。

2. 平面及周边环境见图2-18，门在墙面上的位置及形式可改。

3. 结构：框架，层高5m，梁高900mm（图2-19）。

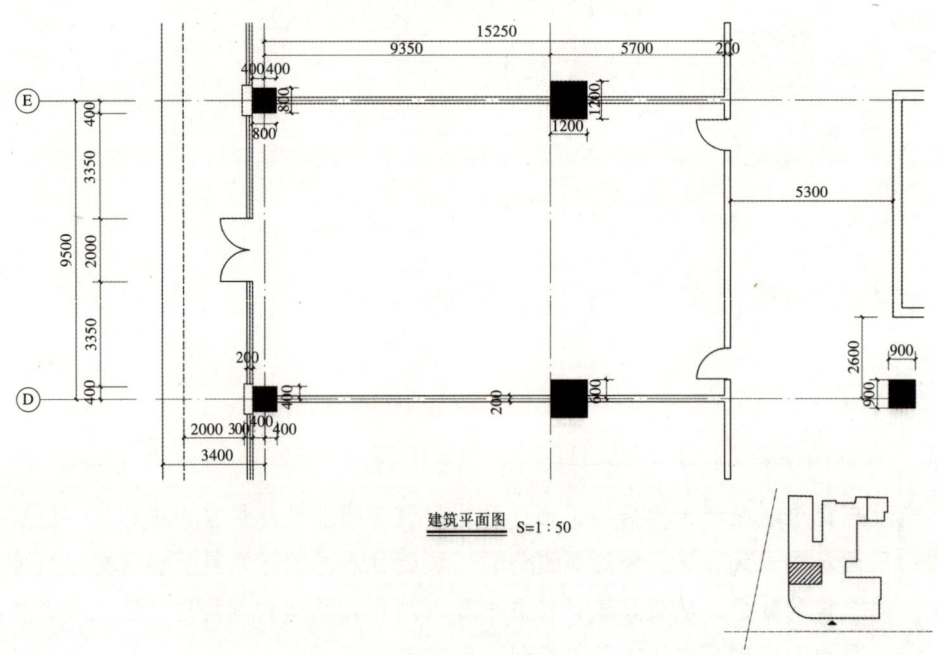

图2-18　服装专卖店原始平面图

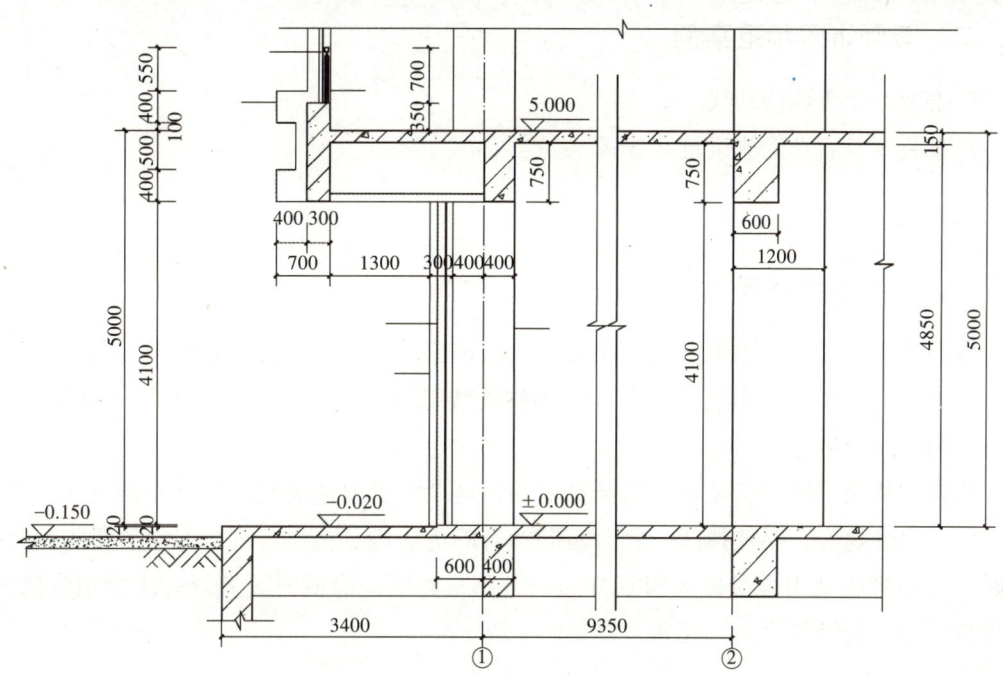

建筑剖面图 1:25

图2-19 服装专卖店建筑剖面图

（三）设计内容

1. 先导区：门厅、橱窗、流水台，吸引顾客进店欲望。
2. 服务交易区：合理组织通道，进行空间分割，配置货架、收银台与试衣间。
3. 辅助用房区：适当配置仓库、办公室及员工厕所。
4. 店面整体设计符合服装自身的定位、特征。

外立面、橱窗设计新颖大方、既能吸引行人的注意力，能为城市增添亮点；关于广州市户外广告和招牌设置规范请参照网页。

室内设计别具匠心，能引起人们的购买欲。

（四）图纸规格与内容

A2文本，图面整洁规范，构图饱满，符合国家制图规范。

1. 平面图：1:50
2. 顶平面图：1:50
3. 外立面图：1:50
4. 立面图（4个）：1:50
5. 效果图（2幅）：外立面、内部空间 手绘彩色效果图，能表达设计意图和意境，画面完整，表现手法不限。
6. 设计说明：100左右。

二、教师讲解示范案例

1. 服装专卖店购物动线
2. 服装专卖店功能流线及其分区

【学习支持】

一、购物动线梳理

人们的生活习惯、服装店的功能布局和店铺色彩、形态都会左右和吸引人们前进的步伐和方向。成功的专卖店都有共同的购物动线组织：吸引→进店→浏览→购物（或休闲）→浏览→出店。

购物动线设计的依据是顾客的浏览习惯，这个浏览习惯决定了每个专卖店一般有最便捷区、次便捷区、不便捷区。相对应的顾客的进店浏览习惯，进行专卖店服陈列装销售时，一般把店铺中最便捷区间划分为一级销售热区，次便捷区划分为次级销售热区，不便捷区划分为销售冷区（死角）详见图2-20。

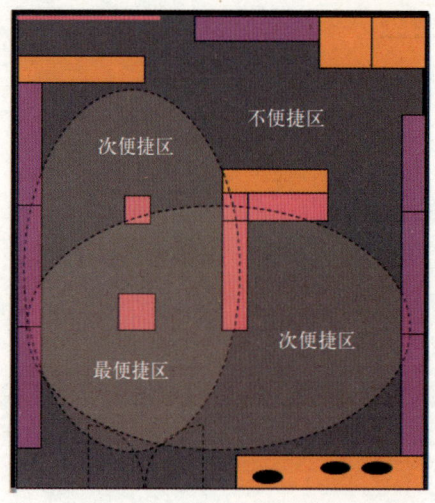
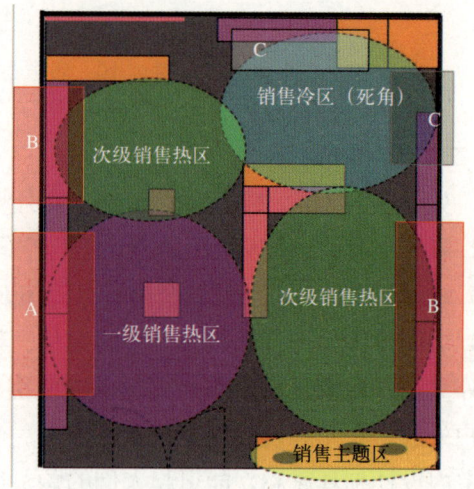

图2-20 购物销售区级别划分

二、合理设计功能流线及分区

为了衬托陈列服装特色，依据顾客购物浏览习惯，服装专卖店平面功能分区设计时，在最便捷的一级销售热区设计吸引顾客进店先导区。先导区一般能展现专卖店经营特色和理念的出入口门头、橱窗、流水台等。

在次级销售热区设计方便顾客浏览和进行交易服务交易区，主要设置摆放货物的货架、收银台及其LOGO墙、试衣间、有效通道。

在不便捷的销售冷区设计保证店铺运营的附属用房区,主要设置储存货物的仓库、办公室、厕所等。

根据上述使用要求,绘制功能分区的气泡图 2-21。

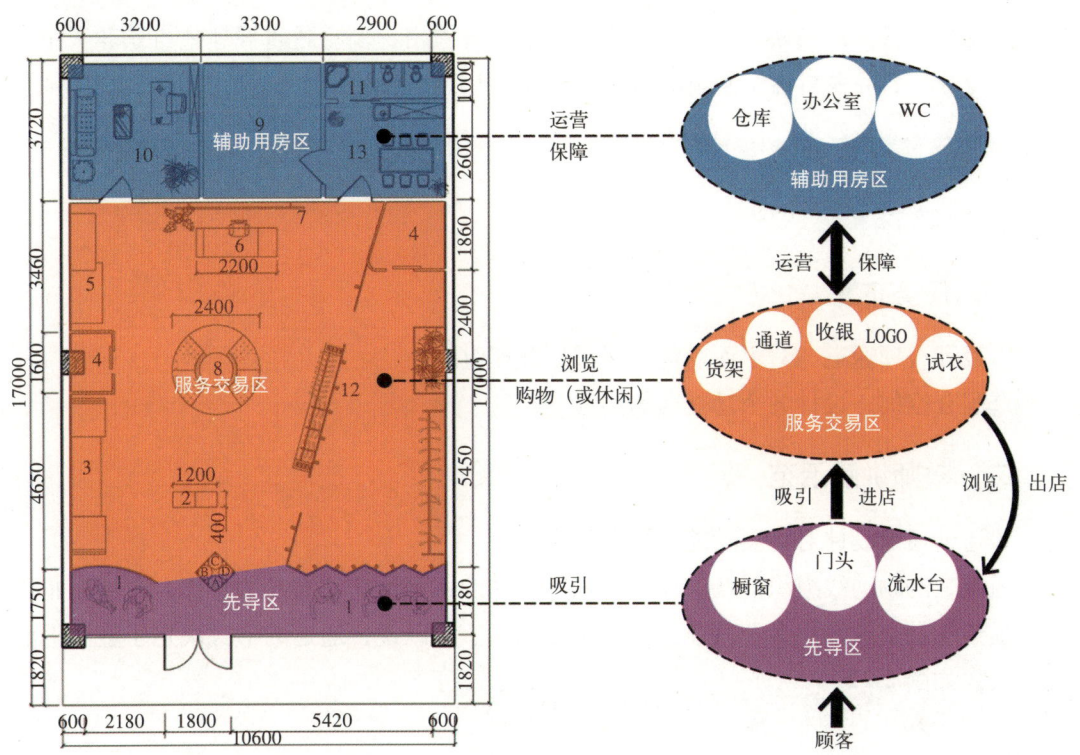

图 2-21 功能流线及分区气泡图

【实践活动】

对给定任务书的平面图,绘制主要功能分区的气泡图,确定各个功能分区位置。

【活动评价】(表 2-4)

表 2-4

	评分项目	学生自评	小组评定	教师评分	平均分	总评分
评分细项(50%)	功能分区					
	交通流线					
草图绘制(50%)						
签 名						

任务 2　平面功能分区组织及其内容设计

【任务描述】

通过该任务的实践，学生能依据平面功能泡泡图、利用通道合理地组织各个平面功能分区，并能对各个功能分区进行内容设计。

【任务实施】

一、任务布置

1. 设计合理通道，对平面功能分区进行合理组织
2. 配合空间，设计各个功能区的内容

二、教师讲解示范

1. 通过通道设计对平面功能分区合理组织

通道是购物动线组织舒畅的保证，顾客行动的便利是店铺布局的目标。在平面布局中，通道还是合理组织各个功能分区的关键工具。可以说，通道的形式决定了整个平面的样式。如图2-22。

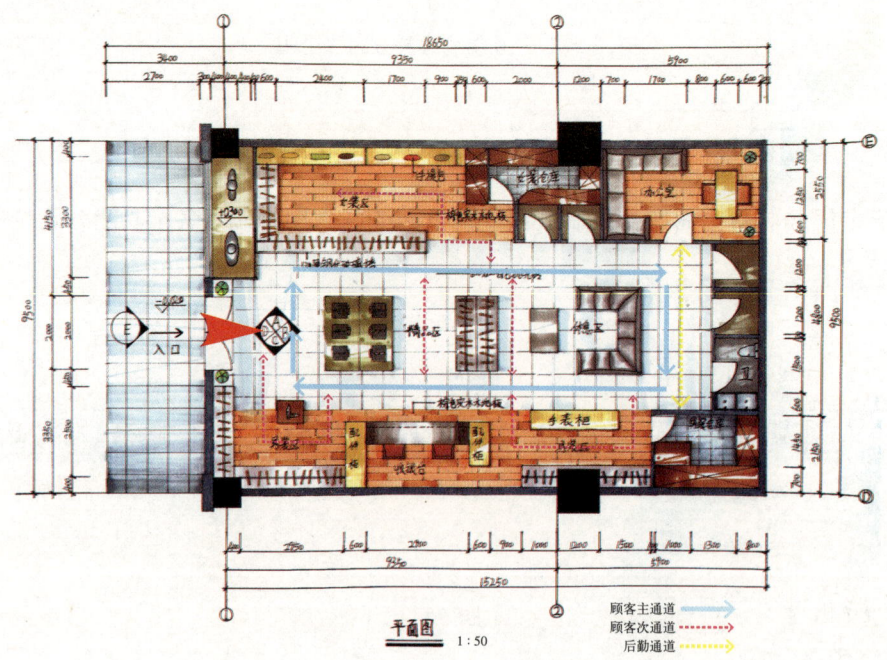

图 2-22　通道的流线与功能组织

2. 各个功能区内容设计（图 2-23）

先导区设计内容：门头、橱窗、流水台；

服务交易区设计内容：各种样式货架、展示节点、休息节点、收银台及其LOGO墙、试衣间；

辅助用房区设计内容：仓库，办公室，厕所等。

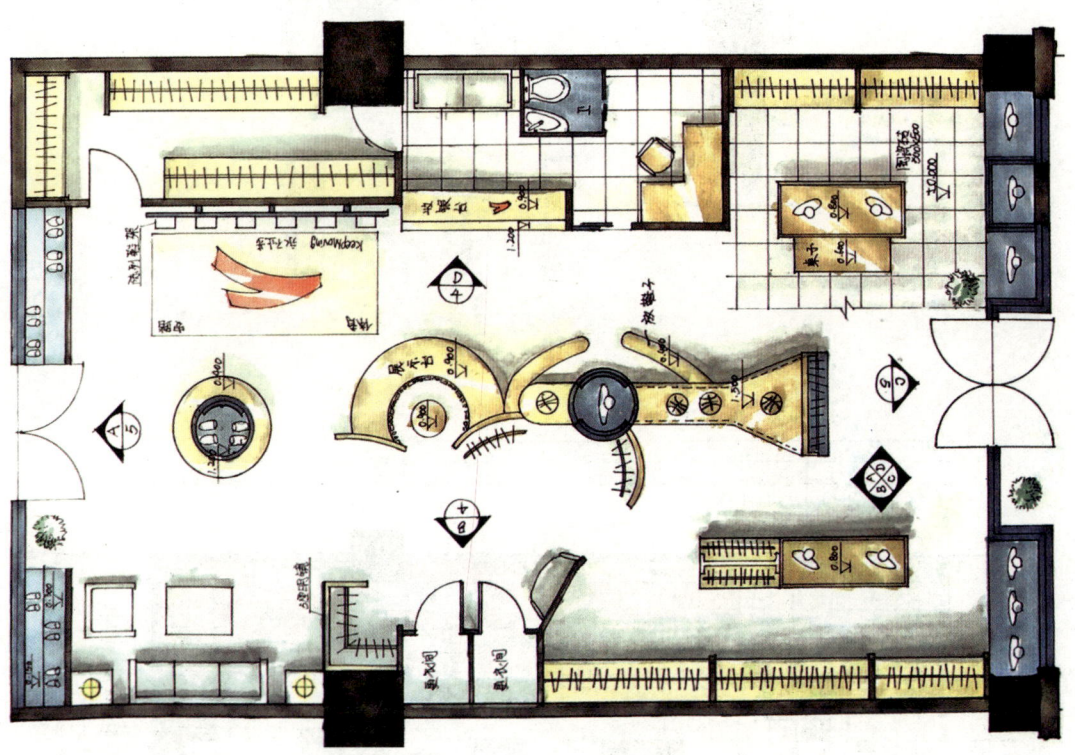

图 2-23　各区内容设计

【学习支持】

一、通道设计的要求及其类型

1. 通道设计要求

顾客通道设计的科学与否直接影响顾客的合理流动，一般来说，通道设计与柜架设计相辅相成，它们之间的宽度要求见图 2-24。

2. 通道的种类

通道设计有直线式、折线式、曲线式、混合式四种形式：

◆ 直线式

又称格子式，是指柜架呈顺墙直线式摆布时形成的通道，如图 2-25。

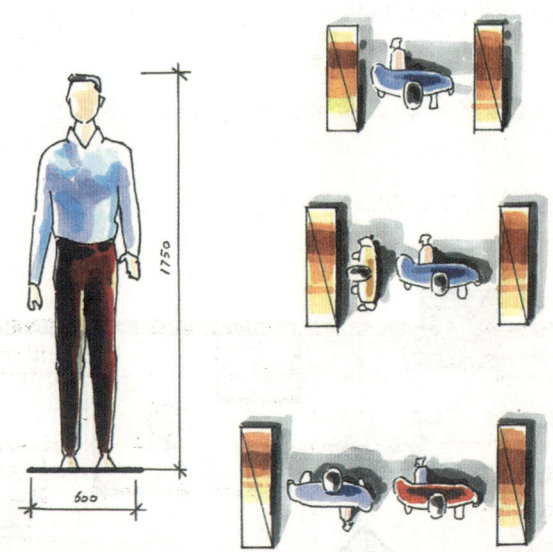

图 2-24　专卖店通道宽度

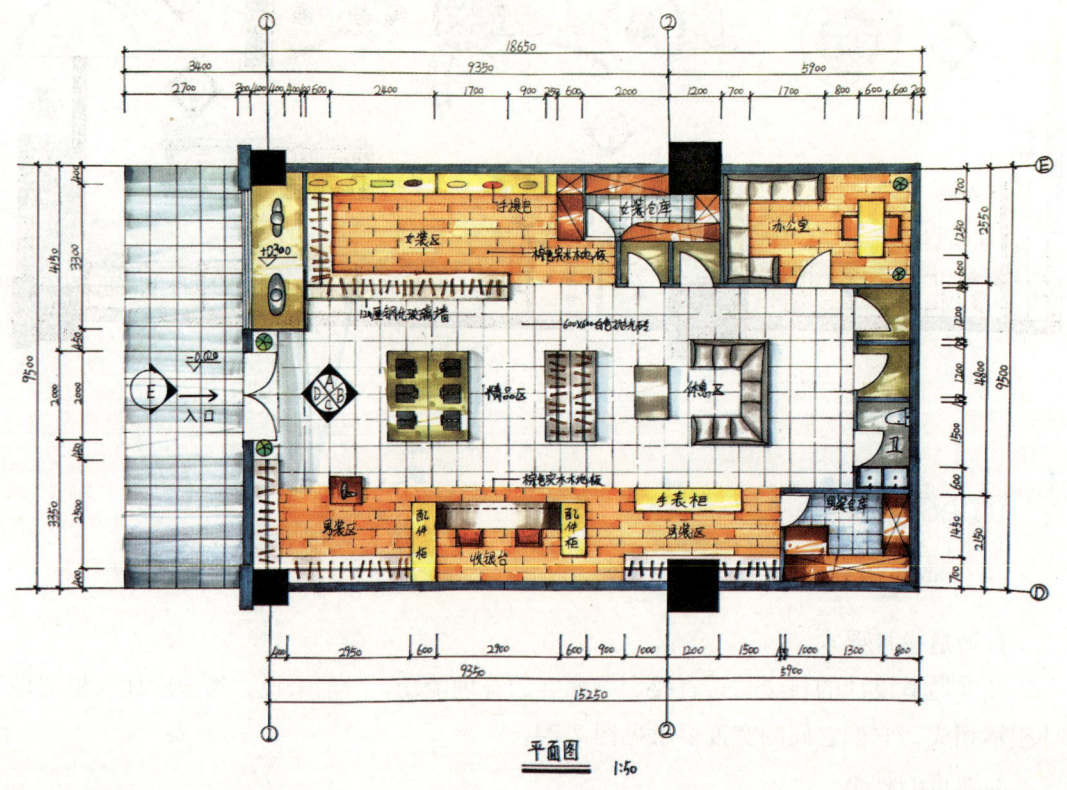

图 2-25　直线式通道案例

◆ 折线式

这种通道的优点在于它能使顾客随意浏览，气氛活跃，易使顾客看到更多商品，增加更多购买机会（图 2-26）。

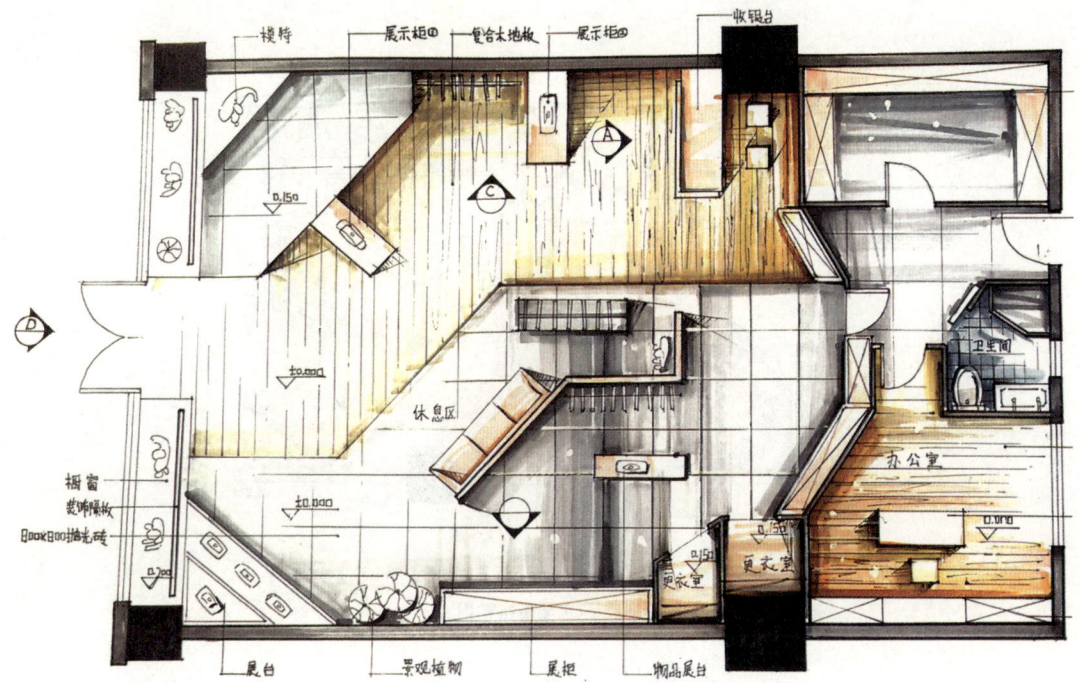

图 2-26 折线式通道案例

◆ 曲线式

曲线式是指货架和通道多利用曲线造型，这种布局空间形态活泼生动，对顾客的视觉冲击力更强大（图 2-27）。

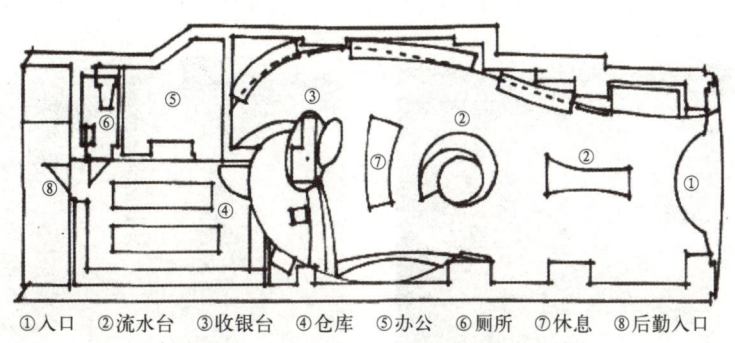

①入口 ②流水台 ③收银台 ④仓库 ⑤办公 ⑥厕所 ⑦休息 ⑧后勤入口

图 2-27 曲线式通道案例

◆ 混合式

这种布局是根据商品和设备特点而形成的各种不同组合，或独立，或聚合，没有固定或专设的布局形式，销售形式也不固定（图 2-28）。

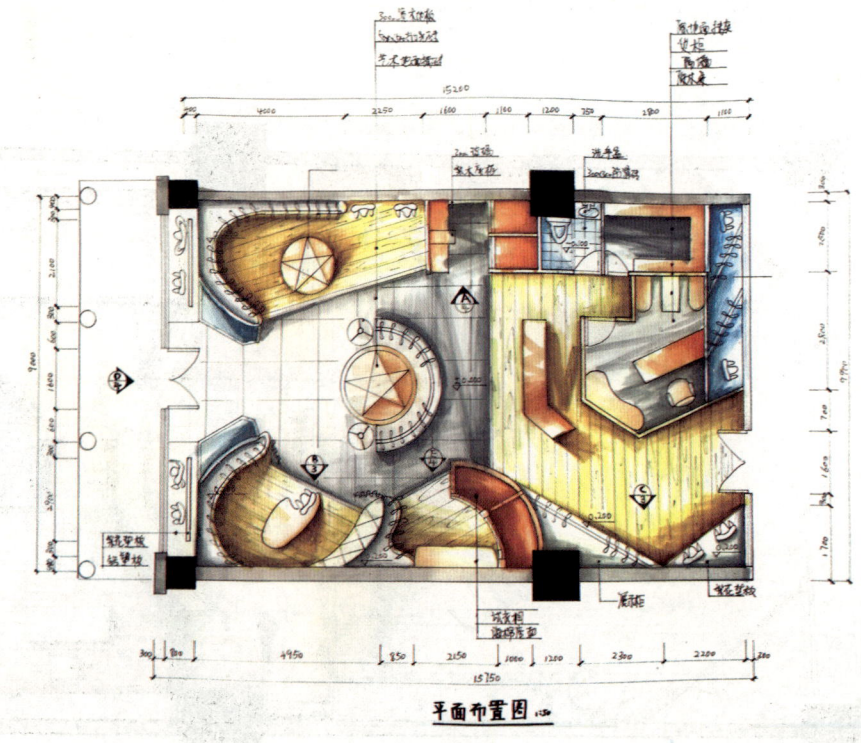

图 2-28 混合式通道案例

二、各个功能区内容设计及其设计要点

（一）先导区

先导区的设计内容包括门头、橱窗、流水台。先导区的作用就是形成整体统一的视觉传递系统，吸引顾客进店并停留（图 2-29）。

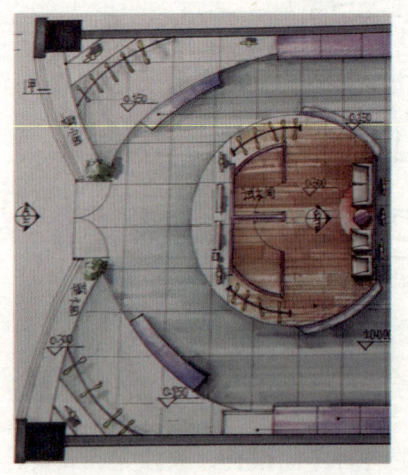 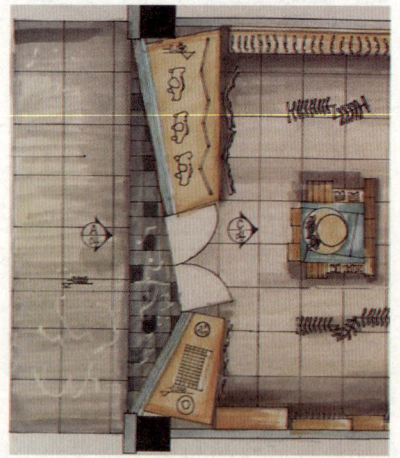

图 2-29 先导区平面案例

1. 门头设计

门头是指一个商店在门口设置的牌匾及相关装饰设施，是一个服装店展示给客户的第一张脸。大型购物中心的建筑式样一般以恢宏见长，小型专卖店的店面门头设计则以纤巧取胜。门头通过造型、色彩、灯光、用材等手段，展示店内的经营性质和功能特点，具有个性和新颖感，以诱发购物愿望（图 2-30）。

图 2-30　门头设计

门头设计要点：

◆ 门头设计应考虑店铺所处城市环境、商业街区景观的全局，还要考虑地区特色、历史文脉、商业文化等方面。

◆ 门头设计在反映专卖店购物场所和招揽顾客的共性，对不同品牌的经营特色应着重体现。

◆ 门头设计与装修应仔细了解建筑结构的基本构架，充分利用原有构架作为门头外装修的支承和连接依托，使门头外观造型与建筑结构整体有牢固的联系，外观造型在技术构成上合理可行。

2. 橱窗设计

在现代商业活动中，橱窗既是一种重要的广告形式，也是装饰商店门头的重要手段。一个构思新颖、主题鲜明、风格独特、手法脱俗、装饰美观、色调和谐的商店橱窗，与整个商店建筑结构和内外环境构成的立体画面，能起美化商店和市容的作用。

橱窗设计有封闭式、半封闭式、开敞式。

封闭式橱窗背后装有壁板与卖场完全隔开，使橱窗有了一个单独的空间，一般在大的店铺中会采用这种橱窗。在封闭式橱窗中很容易营造气氛，方便场景的设计（图2-31）。

图2-31　封闭式橱窗设计

半封闭式橱窗后背与卖场之间采用半通透的形式，使得橱窗与卖场形成不完全隔离的效果，具有"犹抱琵琶半遮面"的吸引功效。这种橱窗能够很好地使橱窗和卖场同时展示，应用的范围比较广泛，实施的方法十分灵活（图2-32）。

图2-32　半封闭式橱窗设计

开敞式橱窗则将产品形态或者生活形态完全展示给消费者，难度比较大，要求店铺与橱窗无论在色彩、结构还是货品展示方面都要形成统一的完美画面（图2-33）。

橱窗设计要点：

◆ 橱窗横度中心线最好能与顾客的视平线相等，那么，整个橱窗内所陈列的商品都在顾客视野中。

◆ 在橱窗设计中，必须考虑防尘、防热、防淋、防晒、防风、防盗等，要采取相关的措施。

◆ 不能影响门头外观造型，橱窗建筑设计规模应与商店整体规模相适应。

◆ 橱窗布置应尽量少用商品作衬托、装潢或铺底，除根据橱窗面积注意色彩调和、高低疏密均匀外，商品数量不宜过多或过少。要做到使顾客从远处近处、正面侧面都能看到商品全貌。富有经营特色的商品应陈列在最引人注目的橱窗里。

图 2-33　开敞式橱窗

3. 流水台

流水台又叫展示台，通常设置于店铺入口处，与橱窗有呼应的效果。当一家店铺没有设置橱窗时，流水台就会兼顾橱窗的功能，吸引顾客进店。流水台还有分流人群的功能（图 2-34）。

图 2-34　流水台设计

流水台设计要点：
- ◆ 流水台设计应注意根据店铺空间分配，进行多样化、有高低、大小等各种样式设计。
- ◆ 流水台设计时必须结合品牌服装商品性质、形状、颜色等。
- ◆ 流水台设置在入门口处时不能设计成大柜台或者高柜台。
- ◆ 流水台的设置位置不能影响通道。

（二）服务交易区

服务区是专卖店的核心与主体空间，是顾客进行购物活动、对商店整体印象的主要环境场所，是营销活动、服务的核心区域。服务区的主要作用是货物展示及销售，服务区设计应有利于商品的展示和陈列，有利于商品的促销，为营业员的销售服务带来方便，最终是为顾客创造一个舒适、愉悦的购物环境。为此，服务区主要设计对象就是陈列柜架、柜架之间的通道、展示节点和休息节点（图2-35）。

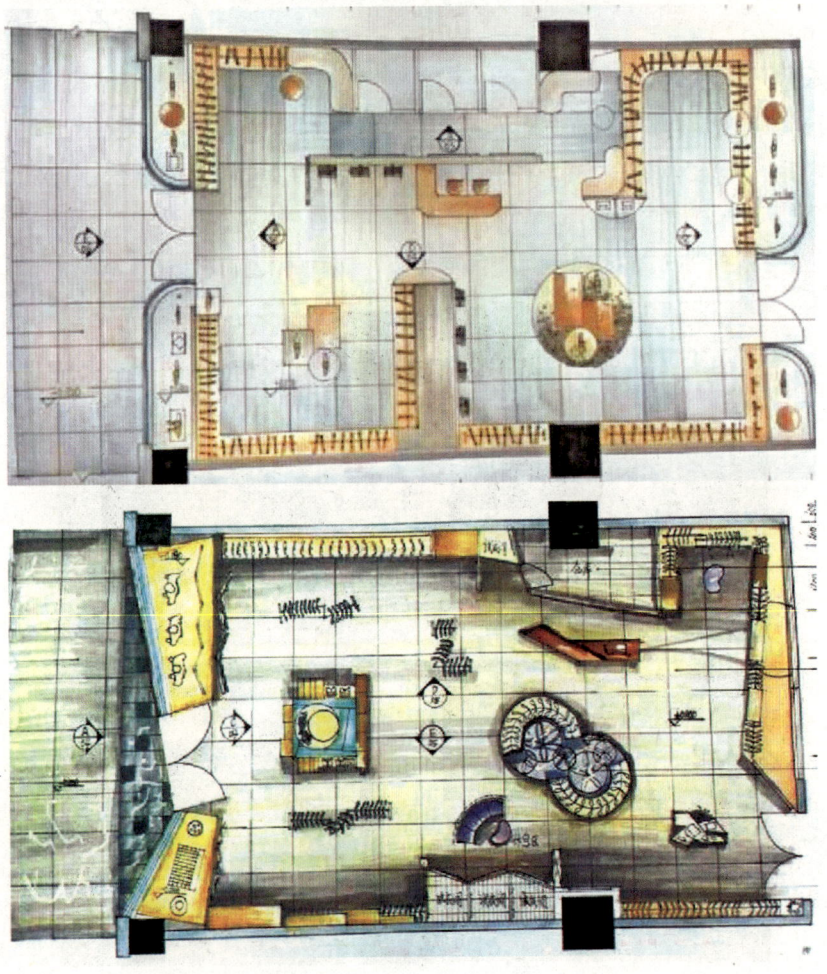

图2-35 服务交易区案例

1. 柜架布置

柜架布置是专卖店室内空间组织的主要手段之一，常用有以下几种形式：顺墙式、岛屿式、斜角式、自由式、隔绝式、开敞式。

（1）顺墙直线式

即为柜台、货架等设备顺墙排列。由于墙面大多为直线，所以柜架常成直线式布置。采取这种布置方式，售货柜台较长，可减少售货员，节省人力。顺墙高货架可贴墙布置，也可离墙布置。当采取贴墙布置时，开关高侧窗不方便，应设置简易的机械设施，以利开关。如营业高度允许的话，也可采取建筑处理手法，如增设夹层平台，既有利于窗户的开启又为顶柜陈列提供方便（图 2-36）。

图 2-36　顺墙式柜架案例

（2）岛屿式

即营业现场以岛状分布。用柜架围成闭合空间，中间设置货架，可布置成正方形、长条形、圆形、三角形等多种形式。这种形式的柜台周边较长、陈列商品较多，便于顾客观赏选购，顾客流动灵活，视觉也较美观。为便于随时补充商品，也可将中间货架拉开，作为临时仓库。岛屿式常与顺墙直线式结合布置，成为商店店堂中最常用的布置形式（图2-37）。

图2-37 岛屿式柜架案例

（3）斜线式

斜线式柜架就是货架和通道呈菱形分段布置。其优点是可以使顾客看到更多的商品，气氛也比较活跃，活动不受拘束；缺点是不如直线式通道能充分利用场地面积（图2-38）。

图2-38 斜线式柜架案例

（4）自由曲线式

是将营业厅的货架柜台等设备，随人流走向和人流密度变化灵活布置，厅堂气氛轻松活泼。如将店铺空间巧妙地分隔成若干个既连通方便又相对独立的弧形区域，它能创造活跃的商店气氛，便于顾客选购浏览，任意穿行，可增加随意购买的机会；缺点是浪费场地面积，寻找货位不够方便（图2-39）。

图2-39　自由式柜架案例

柜架布置要点：

◆ 柜架的布置，是整个服务交易区布置的主要内容，由柜架构织成的通道，决定着顾客的流向。不论采用上述的哪种布置方法，都应为经营内容的变更而保留一定的灵活余地，以便随需要调整柜架布置的形式。

◆ 柜架之间的距离应保证客流的通畅，一般说主通道应在1.6～4.5m之间，次通道也不得小于1.2～2m之间。

2. 收银台与LOGO墙

服装店收银区是顾客在选购完服装后付款交易的地方，除了具有结算功能之外的收银台，还具有强化卖场规划，增加品牌形象的功能。收银区是顾客在服装店最后停留的地方，这里给顾客留下的影响好坏，决定顾客是否会第二次光临。

收银区的设计形式：开放式、半开放式、封闭式三种。

（1）开放式收银区

收银区由收银台和背景墙组成，简洁明朗，对顾客形成开阔坦荡姿态。开放式收银区又分以下两种：

A：背墙采用海报、视频播放、LOGO字体传统设计形式（图2-40）。

图2-40　LOGO字体开放式收银台

B：背墙采用陈列展示柜设计形式 体现品牌购物理念（图2-41）。

图2-41　陈列展示柜开放式收银区

（2）封闭式收银区

封闭式收银区一般是根据店铺形状或者跟货柜结合，形成凹进的形态，除了收银台面向顾客外，其他三面均围合封闭起来，私密性较强（图2-42）。

（3）半开放式收银区

半开放式收银区由展现形式多样，一般由L形收银台和L形虚或实的背景墙组合而成（图2-43）。

图2-42　封闭式收银区　　　　　　　　图2-43　半开放式收银区

收银区设计要点：

◆　对收银区的规划设计，应该根据卖场的通道设置、客流量、单品销售额以及销售模式等来加以确定。

◆　服装店收银台的颜色、设计等都要美轮美奂，与企业形象一致；客户进来和离开卖场前都可以有深刻的印象。

◆　收银区一般要和试衣间靠近。

◆　服装店收银台高度应为1.2m，这是顾客在付款时感觉最舒适的高度，不会因太高而显得压抑。

3. 试衣间

试衣间是顾客试衣服的地方，它可以说是决定了服装是否能够被销售出去了一个重要环节。

试衣间的设计一般有集中型大空间式、封闭式、半开放式。

（1）集中型大空间式

一般大型、高档的服装店铺为了体现通透性强、空间宽敞、明亮试衣氛围，把试衣间集中一个区域，搭配休息区进行设计。大空间式试衣间注重顾客的消费体验，占用店铺面积较大，档次较高（图2-44）。

图 2-44　高档专卖店大空间式试衣间

(2) 封闭式

当商铺面积约束的情况下，无法设置大空间试衣间时，设置封闭式试衣间，能使试衣空间较集中，保证商品安全，对顾客来说私密性较强（图 2-45）。

图 2-45　封闭式试衣间

(3) 半开放式

半开放式试衣间形式多样，试衣间的门口直接面对店铺商品。设计时多是结合休息区设计，能让休息区的人看到试完衣服出来的顾客，给予参考意见（图 2-46）。

图 2-46　半开放式试衣间

试衣间设计要点：

1. 试衣间位置的选择上必须要隐秘，注意顾客的隐私。
2. 试衣间的形象需要有与品牌形象一致的视觉冲击力。
3. 试衣间的大小要考虑顾客的肢体感受。在设计试衣间时，我们应该充分考虑顾客在那个小空间内是否会感觉到肢体拘束、憋屈，以及她们在试衣过程中各个环节的舒适程度。这就要求我们的试衣间要能满足顾客的要求，一般来说要求试衣间的占地面积最低不能低于 $1.5m^2$，高度不低于 2m。

（三）附属用房区

若店铺的面积允许，根据店铺所处位置和经营特点，专卖的附属用房主要有仓库、办公室、厕所、茶水房等。附属用房区是服装专卖店成功经营的保障（图 2-47）。

图 2-47　附属用房区

1. 仓库

货品储备是每个店铺营运基础，每个店铺都必须有一定的储物空间用于储藏服装商品。专卖店货物储存的方式有两种：

(1) 服务区营业厅的货架和货柜的分散储藏

利用货架和货柜分散存储衣物，储存的方式灵活多样，方便服务员及时为顾客进行换款和换码服务。分散储藏的设计前面已经讲述过，在此不再重复（图2-48）。

(2) 仓库集中储藏

仓库内根据储存物品的特性配备相应的设备，以保持储存物品完好性。仓库储存不仅能满足店铺大量储存的要求，还能有助于控制费用，提升利润空间（图2-49）。

图2-48　分散储藏

图2-49　仓库集中储藏

仓库设计要点：
- ◆ 仓库的位置设置应该尽量不占用店铺的便捷空间。
- ◆ 仓库尽量跟收银台、试衣间设计在一起，方便货物管理和使用。
- ◆ 仓库设计要注意通风，保证衣物的味道疏散。
- ◆ 仓库设计不必设计多余装饰，最高、最大化利用空间，配合货架尺寸设计。

2. 办公室

办公室主要是店铺经理、财务及员工办公、开会、休息等的综合场所，面积根据业主的要求不同而进行不同设计。

3. 厕所

厕所一般是顾客和员工共同使用，以员工使用为主。设计时蹲位不必过多，尽量节省面积。

4. 茶水房

茶水房主要是设计饮水机、微波炉、冰箱、储物柜等，为员工提供储物空间，及为顾客和员工冲泡茶水和咖啡等。

【实践活动】

1. 熟悉任务书要求，依据功能分区泡泡图，确定主要功能分区。
2. 复习比例尺用法，徒手勾画草图，基本确定方案。

3. 使用绘图工具按标准比例绘制平面草图。

【活动评价】（表2-5）

表2-5

	评分项目	学生自评	小组评定	教师评分	平均分	总评分
评分细项（50%）	功能分区					
	交通流线					
	家具布置					
草图绘制（50%）						
签　名						

项目3　服装专卖店灯具配置

【项目概述】

> 通过配置服装专卖店的灯具，学生会识别服装专卖店空间常用灯具，能说明灯具配置的原则，以及普通照明，重点照明，装饰照明的特点，会配置服装专卖店各功能区（先导区、服务交易区、辅助用房区）灯具。

任务1　服装专卖店常用灯具照明类型

【任务描述】

> 通过该任务的实践，学生能识别服装专卖店空间常用灯具类别。

【任务实施】

一、任务布置

1. 看下图，说说图片都用了哪些灯具类型进行照明（图2-50）。

图 2-50　种类繁多灯具

2. 结合日常逛街看到的店铺，说说你认识的服装专卖店灯具有哪些种类。

二、教师讲解示范案例

【学习支持】

一、照明在服装专卖店空间中有重要作用

冈那·伯凯利兹说："没有光就不存在空间。"灯具照明光，不仅仅是店内的照明条件，而且是表达专卖店空间形态，营造环境气氛的基本元素。服装专卖店的灯光布置就像为女人化妆，原本平淡的脸庞，恰当地施以粉底、眼影、腮红、唇彩，五官变得立体了，表情也更有神采。只需轻微的布置，就能有让人眼前一亮的变化。

服装专卖店的核心与灵魂是品牌与产品展示。出色灯具照明，能在精致的空间中，把品牌与产品最为鲜明地表现出来，凸显其个性文化，达到吸引顾客目光，进而促成购买的效果。故而，服装专卖店里的灯具照明又称不会说话的"营业员"，利用戏剧化的照明设计能创造许多难以置信的卖场氛围（图 2-51）。

图 2-51　照明的魅力

二、专卖店选用照明灯光的类型

服装专卖店空间氛围不能仅用单一的灯光去营造，通过不同灯光搭配，才能将室内空间效果很好的展示出来，使消费者确定对店铺或品牌的第一印象。服装专卖店通常用到的灯具种类繁多，各自的功能及使用范围均因灯具的形式、照明的方式、照明的光源及照明的布局形式而有所不同。

1. 按照明灯具形式划分

根据空间氛围营造的需求，服装专卖店最常用的灯具有有射灯、轨道灯、吊灯、筒灯、反光灯槽（又称暗藏灯）等。

不同的灯具有不同造型，安装在天花、墙面或者地面上，能提供各种各样的照明氛围。针对不同的服装产品和不同的店铺氛围，对这些灯具的材料、颜色、样式等进行选择和配合设计，能营造出别具魅力的店铺空间环境。详见表2-6。

灯具形式　　　　　　　　　　　　　　　　　表2-6

灯具名称	灯具形式代表	主要功能	灯具视觉效果
射灯		重点照明	
轨道灯		重点照明	
吊灯		装饰照明	
筒灯		基础照明	

续表

灯具名称	灯具形式代表	主要功能	灯具视觉效果
反光灯槽（暗藏灯）		基础照明 装饰照明	
有机片格栅灯		基础照明	

2. 按照明方式分

射灯、轨道灯、吊灯、筒灯、反光灯槽等灯具形式，他们安装的位置不同，营造出的照明方式不同。按照照明方式分，灯光的类型主要有暗藏灯管透光方式、侧照射灯光方式、上照射灯光方式、垂直下照射灯光方式等。

暗藏灯管透光：一般使用反光灯槽的灯具形式进行营造灯光氛围。如图 2-52 的展墙部分，使用暗藏灯管，使用其内透背景光做辅助照明。

图 2-52　暗藏灯管透光方式案例

侧照射灯光方式：在橱窗或者特殊货柜中，为了塑造空间的层次感、立体感、一般采用壁挂式射灯灯具或嵌入式筒灯灯具进行侧照射辅助照明（图 2-53）。

图 2-53　侧照射灯光方式案例

上照射灯光：即灯光从地面打出，直射模特等产品，营造诡异特殊的氛围。一般使用射灯或者筒灯灯具。

图 2-54　垂直下照射灯光方式案例 1

垂直下照射：这是最常用的一种照明方式，可以使用射灯、轨道灯、筒灯等灯具形式，安装在服装商品正上方偏 30～50cm 的范围。这样更利于客人挑选和商品的展示。若偏离位置太远，则不利于眩光的控制（图 2-54、图 2-55）。

图 2-55　垂直下照射灯光方式案例 2

3. 按光源分

同一种灯具内，安装不同光源内胆，会具有不同感觉。如安装高照度、深色调的光源，通常会给人一种闷热的感觉，适用于部分男装品牌店；安装高照度、浅色调的光源，往往给人带来清爽、兴奋等感觉，通常为休闲运动品牌店所采用。安装低照度、深色调的光源，这个组合的出现往往伴随着温馨和舒适这些形容词，通常用于童装和淑女装的风格的店铺。

图 2-56　同灯具不同光源感觉 1

影响光源感觉主要因素有光源的色温、显色指数 Ra 和照度、光强等指标。

（1）色温——影响整体空间的冷暖效果

对于服装专卖店的整体灯光设计，首先应考虑的是灯光的冷暖心理效应。从温度和季节的变化来考虑，在炎热的夏天，顾客对色彩的需求偏向于冷色调；而在寒冷的冬天，顾客对色彩的需求更倾向于暖色调，温暖的光色给人以温暖感。不同风格的服装专卖店，需要不同空间感受，灯光的色温宜控制在 2500～4000K 之间。详细运用具体见表 2-7。

不同色温的感觉及其应用　　　　　　　　　表 2-7

色温数值	对应灯光示例	气氛效果	光源产品	应用
＜3300K	3000K	健康温暖	白炽灯、卤素灯杯、暖色荧光灯、高压汞灯、高压钠灯	童装店、女装店、温馨浪漫的店铺
3000～5000K	4300K　5000K	清爽干净	日光色荧光灯、金卤灯	所有店铺类型通用
＞5000K	6000K　8000K　10000K	清冷惨白	冷色荧光灯、水银灯	男装店、清凉的或者酷酷的特色店
＞10000	12000K　15000K　BLUE	冷酷恐怖	冷色荧光灯	极少用

（2）显色指数 Ra——影响店铺服装颜色展示

各人造光源的 Ra 值不同，显色能力也不一样，具体灯具的 Ra 值可见表 2-8 所举。服装专卖店中，若要能正确表现出衣服本来的颜色，应该使用显色指数 Ra 接近 100 的，显色性最好；若要鲜明地强调特定色彩，营造特殊的购物空间感觉或者橱窗感觉，则可以用 Ra 值小一点的光源进行照射。服装专卖店一般选用的显色指数 Ra 数值范围为 80～100。

光源技术指标　　　　　　　　　表 2-8

光源种类	光效（Lm/W）	显色指数Ra	色温（K）	适用区域
白炽灯泡	15	100	2800	
石英卤素灯	25	100	3000	
SL 灯	50	87	2700/5000	
高压汞灯	50	45	3300～4300	
普通日光灯	70	70	全系列	
PL 型灯管	85	85	2700/3000/3500/4000/5000/5300	
金属卤化物灯	75～95	65～92	3000/4500/5600	
三基色日光灯	96	80～98	全系列	
高压钠灯	120	23/60/85	1950/2200/2500	
低压钠灯	200	44	1700	
QL 灯	70	85	3000/4000	

（3）照度——影响店铺衣物展示程度

照度（Luminosity）指物体被照亮的程度，采用单位面积所接受的光通量来表示，表示单位为勒克斯（Lux，lx）。即被摄主体每平方米的面积上，受距离 1m、发光强度为 1 烛光的光源，垂直照射的光通量。影响照度的主要因素有：①灯具悬挂高度：悬挂越高，反射光通越多，照度越大。②照射空间面积及形状：所照射的空间面积越大，越接近于正方形，则由于直射光通越多，照度越大。③照射面的颜色和洁污情况：颜色越浅，表面越洁净，照度越大。对同一个光源来说，光源离光照面越远，光照面上的照度越小；光源离光照面越近，光照面上的照度越大。光源与光照面距离一定的条件下，垂直照射与斜射比较，垂直照射的照度大；光线越倾斜，照度越小。

在专卖店中，若我们要突出某个展示服装，就必须为该服装设置重点照明，通过照度大小来强调其展示程度意义。

【实践活动】

1. 分别从照明灯具形式、照明方式及光源光线三方面，对给出图 2-57 中使用的照明灯光种类进行说明。

图 2-57　同灯具不同光源感觉 2

上图中使用的灯具类型有轨道射灯、反光灯槽、有机片灯带三种；照明方式采用了暗藏灯管透光方式、垂直下照射灯光方式；光源光线主要方式。

2. 寻找自己喜欢的服装专卖店图片，对图片中使用的照明方式进行说明。

【活动评价】（表 2-9）

表 2-9

	评分项目	学生自评	小组评定	教师评分	平均分	总评分
评分细项 （100%）	灯具识别					
	照明方式					
	光源术语					
签　名						

任务 2　服装专卖店灯具配置

【任务描述】

通过该任务的实践，会根据服装专卖店的风格定位，选用适合的灯具照明；会对不同功能区域配置正确的照明方式。

【任务实施】

一、分析任务：根据项目二自己设计的平面布置图，确定店铺总体风格。

二、根据店铺服装类型、店铺整体风格要求，确定灯具配置的整体定位。

三、结合平面图功能分区的需要，确定各区的主体照明方式。

四、对各个功能区进行照明布局。

【学习支持】

服装卖场的照明规划，必须要针对不同的品牌定位、目标顾客群以及卖场功能区域，寻找合适的照明方案，达到用灯光塑造空间形象、促进销售的真正目的。

一、不同服饰类型灯具配置整体定位不同

1. 牛仔装

牛仔服饰本身版型修身秀体，款式多变，大气端庄又不失性感，含蓄中隐藏着一丝张扬，复古却又融合了几许现代气息，是对完美概念的绝妙诠释。店铺在照明上一定要强调对比度和灯具外型，以符合服饰的着装概念。为了营造牛仔服饰店整体硬朗中却又柔情万种，其独特个性的风格，照明要特别强调明暗的变化，增强视觉冲击力。选用灯具应考虑外观个性化较强的金卤灯具（图2-58）。

图 2-58 牛仔类服装店照明要求示意图

2. 童装

儿童服饰专卖店设计一般以简洁的设计风格，融合了时尚、运动的元素，让店铺空间散发天真与活力的氛围。儿童系列服饰专卖店对灯具主要是考虑结合店面装修风格，选用可调角度嵌入式灯具为主配合暗藏灯带，体现出整体简洁、明快的节奏（图2-59）。

图2-59　儿童类服装店照明要求示意图

3. 休闲装

该类店铺所经营的服饰，针对的一般均为大众消费者。对品牌和款式有一定的要求，价格方面又比较合理。在照明注重一定的对比度，充分体现品牌的定位，强调品牌文化的营造和形象展示，对消费者认知产生感性影响（图2-60）。

图2-60　休闲类服装店照明要求示意图

4. 运动装

运动类服装店往往将运动、青春、时尚完美融合，店铺要迎合时尚追求，满足了人们对运动、时尚的追逐和对自然、洒脱的心理需求，造就出当今时装流行的最新亮点。运动系列服饰专卖店对灯具主要是考虑结合店面装修风格，整体灯光要自然、清新，一般选用可调角度嵌入式灯具为主，体现出整体简洁、明快的节奏（图2-61）。

图2-61　运动类服装店照明要求示意图

5. 职业男装

职业男装店铺中由于服饰商品层次较高，会陈列大量的模特，重点展示服饰着装效果，整体氛围以高雅的暖色调为主，采用均匀的光线以提高顾客在店内的舒适度。店面灯光设计既要体现服饰质感，也要讲究灯具的选用与店面整体风格的匹配。重点推荐的服装款式和品牌形象墙可根据实际情况选择光效较高的导轨式金卤产品和嵌入式组合格栅射灯进行重点照明（图2-62）。

图2-62　职业男装类服装店照明要求示意图

6. 职业女装

职业女装的消费者通常是办公室的白领女性，她们有很强的品牌意识和着衣标准。店铺中包含着大量的精美道具，处处洋溢着小资情调。出挑的展示效果结合良好的照明氛围营造才是店铺中提高销量最有力的途径。 该类店铺因为面对是消费层次较高的白领阶层，更加关注整体店面灯光设计对服饰表现力的视觉冲击力度，可考虑在不同功能区域选用光效较高的导轨式电子金卤灯和嵌入式组合格栅射灯等（图2-63）。

图 2-63　职业女装类服装店照明要求示意图

二、根据平面功能分区确定主体照明方式

服装专卖店的灯光设计主要采用基础照明、重点照明和装饰照明三种方式，多数情况下这三种方式是一起同时使用的。

基础照明指满足整间店的基本亮度的照明设计，主要是店铺内通道、办公、仓库、厕所等功能区。

重点照明一般是指狭角的聚光照明设计，它在整个设计案中起了画龙点睛的作用——产品的质感、档次，都可以借由它来强调，直接将客人的目光吸引在产品上。

装饰照明也称气氛照明，主要是通过增加具有色彩或者动感灯光，令环境增添气氛。装饰照明能产生很多种效果和气氛，给顾客带来不同的视觉上的享受。

三种照明方式的目的和要求详见表2-10。

照明类型及其要求　　　　　　　　　　　　　　　表2-10

类型	范围	亮点	照明目的	光效效果	方法	照射形式
基础照明	全面	中	保证店铺的基本照度，满足顾客的基本购物需求	均匀，平和	1. 采用漫射照明光源； 2. 采用嵌入式、吸顶式灯具安装方式； 3. 灯具分布均匀	直接照明

续表

类型	范围	亮点	照明目的	光效效果	方法	照射形式
重点照明	局部	高	突出重点商品，吸引顾客，刺激顾客购物欲望	指向性，立体感强	1. 采用固定射灯或者轨道射灯；2. 亮度为基础照明的 3～5 倍	直接照明
装饰照明	局部	低	营造氛围，丰富卖场灯光效果	柔和，奇妙，丰富	1. 采用漫射或者间接照明方式；2. 采用装饰性灯具；3. 采用有色光源	漫射照明

三、对每个功能区进行照明布置

依据服装类型和店铺风格进行整体照明定位、对店铺内各个功能区的照明手法也明确好之后，可以对每个区进行照明的具体布置了。与项目二的平面功能布局相呼应，灯具的配置可进行如下分区：先导区：门头、橱窗区、流水台；服务交易区：形象墙&收银台、新品&精品展示区、普通陈列区、试衣区、休息区和过道等；附属用房区的仓库、办公、厕所。每个功能区的照度参数详见表 2-11。

各功能区照度参考表　　　　　　　　　表 2-11

区域类型/场所	参考平面及其高度	照度标准值（lx）	UGR	Ra
橱窗展示区	0.75 水平面	800	22	>80
形象墙&收银台	柜台面	500	19	>80
新品&精品展示区	0.75 水平面	500～800	22	>80
普通陈列区	0.75 水平面	300	19	80
试衣区	0.75 水平面	500	22	>80

（一）先导区灯光布局

1. 门头

商店的入口处会展示给顾客以第一印象，除了要传递商店的品牌特征之外，还要求商品能从周围环境中脱颖而出。入口处的照明一般要做的比室内平均照度高些，约 1.5～2 倍，光线也更聚集一些，色温的选择应该与室内相协调，并与周围的商店相区别，如图 2-64。

2. 橱窗

橱窗区根据营造的氛围和展示的商品不同，照明使用的灯具形式多样：环境照明一般采用大角度灯光，营造整体氛围，重点照明选择调节角度的嵌入式射灯或者轨道式射灯，突出模特服装和陈设品。造型多样、极具艺术感的吊灯则通常用于装饰照明。

模块2
服装专卖店装饰设计

图 2-64　门头灯光布置案例

在灯具的安装位置及光束的照射方向方面，橱窗的灯光应该照射向展品，要避免照射到行人，以免引起过往潜在客户的不悦。灯光的位置一般会在橱窗顶部的两个角落设置关键光线和补充光线，对商品进行照明；同时会有从后背方向来的光线，这样可以突出被照物体的轮廓，使它与背景分离。如果仅仅从顶上照明的话，容易造成模特头顶、肩部过亮，而模特全身的照度不足，缺乏整体感和立体感，也无法表达织物的质感。

为了突出橱窗展示物，提高邻近的橱窗相竞争力，也为了减少窗玻璃干扰反射的影响，服装专卖店的橱窗照度一般照明为 500～1000lx，重点照明为 3000～10000lx。如果商店是临街的，橱窗应该设计和安装两套照明：一套是针对晚上的，用一般的卤钨灯；另一套是针对白天的，以提供足够的背景亮度。

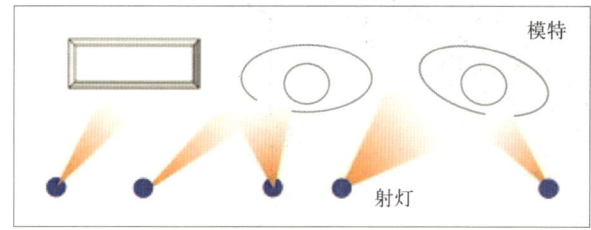 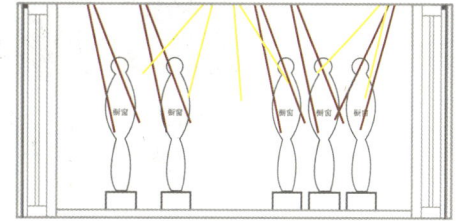

图 2-65　橱窗灯光布置示意图

3. 流水台

流水台上一般是新品展示区，一般采用模特及陈设展示的方式来呈现新品的款式、材质及色彩搭配，是吸引顾客、店铺主推产品及销量增长的关键点。因此，该区域的照明效果直接关系到服饰店铺的销售业绩。照明建议使用 2000lx 左右的照度，显色指数在 90 以上的光源，与周围的基础照明形成一定的明暗对比，能更真实地呈现服饰的设计与质感，同时考虑到模特位置的变化，须选择可调角度的导轨金卤灯或小角度（10°）窄光束的大功率（70W）的陶瓷导轨金卤灯。如要营造特点氛围，还可以增加艺术吊灯类型的装饰照明（图 2-66）。

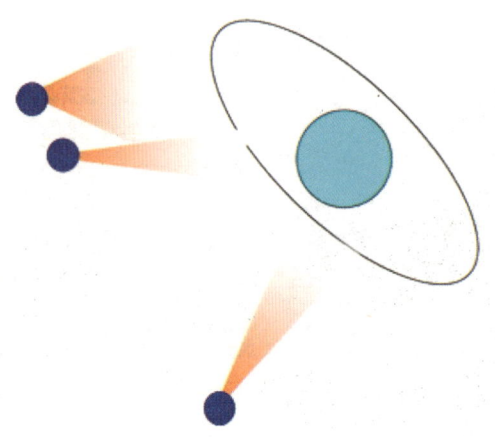

图 2-66　流水台灯光布置示意图

（二）服务交易区灯光布局

1. 柜架区

柜架区通常有新品和精品展示区和普通陈列区，精品展示区的灯光布局与流水台一致。

普通陈列区通常批量地悬挂和摆放着服饰，展示产品比较多，该区域内的照度要比模特等新品＆精品展示区的照度要低，照明不能过于均匀，适合的明暗变化能使柜架展示层次分明，更具吸引力。建议在 800～1000lx 之间（图 2-67）。

图 2-67　普通陈列区灯光布置案例

2. 收银台与形象墙

形象墙和收银台通常是一个整体。既是展示服饰品牌的商业形象，又具有良好的引导功能，在体现品牌文化及风格的同时，也要考虑对填写单据、结算现金等工作的操作需要。因此该区域通常使用重点照明来进行体现（图2-68）。

图2-68　收银台与形象墙灯光布置示案例

形象墙的照度应该是整体店铺空间照度的3～5倍左右，在空间中形成视觉重点，突出品牌形象。形象墙的照度一般控制在1500lx左右。收银台可以略低，控制在500～800lx即可，另外还需考虑对眩光的有效控制。

3. 试衣区

试衣区为消费者试穿并感受真实效果的空间，在一定程度上也影响着产品的最终成交与否。因此，该区作为店铺的重要环节，良好的灯光效果展示，可以让顾客从容地欣赏服饰、观察着身的搭配及穿着效果，同时还需要提供一个红润、自然的肤色照明，让顾客感觉到十分满意，促进顾客的购买的欲望及行为。

若试衣镜在试衣间内，灯具一般选用多个灯具复合照明，试衣间的照度必须做到800lx，灯具位置示意见图2-69。若试衣镜在试衣间外，则试衣间的照度不得低于500lx，试衣镜区域的照度应在1000lx。

4. 通道

店内通道照明跟环境照明可以保持一致或稍低于环境照明，200lx的照度已足够满足通道的功能需求，在通道点缀部分装饰性灯光能有效增加空间的趣味性。

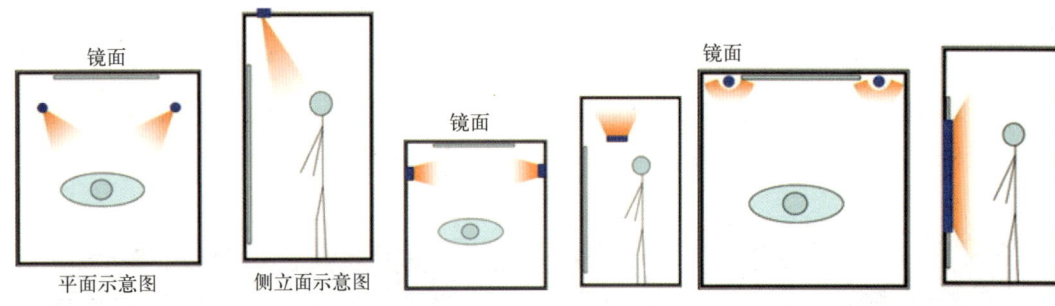

图 2-69　试衣区灯光布置案例

（三）辅助用房区灯光布局

辅助用房区的照明一般采用基础照明，保证员工在空间中行动的照明。基础照明一般采用格栅灯或者筒灯进行照明，照度约 200～500lx 左右。

【实践活动】

根据所给的任务，进行灯具配置。

【活动评价】（表 2-12）

表 2-12

	评分项目	学生自评	小组评定	教师评分	平均分	总评分
评分细项 （100%）	灯具选用					
	灯具尺度					
	运用范围					
签　名						

项目 4　服装专卖店界面设计

【项目概述】

> 通过该项目的实践，学生能根据功能区域的不同需要进行天花设计；能正确绘制立面图；会根据功能区域的不同需要进行地面设计。

任务 1　天花设计

【任务描述】

通过该任务的实践，学生能根据功能区域的不同需要进行天花设计；能描述天花图的形成；能说明板底标高、梁宽及梁高与层高的关系；能处理建筑结构构件（主梁、次梁等）与装饰之间的关系；会选用天花装饰装修材料。

【任务实施】

一、教师讲解

1. 天花图生成。
2. 梁的处理。
3. 常用服装专卖店天花材料。

二、学生结合平面功能需求设计天花造型

1. 依据原始天花平面图的梁柱关系、平面布置图的功能空间净高需要，确定天花图吊顶形式。
2. 结合平面布置图，绘制天花图造型。
3. 结合平面各功能分区要求布置灯具。
4. 标注标高、材料文字说明。
5. 三道尺寸标注，详细定位灯具、吊顶造型等。

【学习支持】

一、服装专卖店天花的形式

服装专卖店的天花造型设计应该与平面相呼应，天花造型及灯光布置应该起到突出平面重点，强化平面功能分区及交通，起到吸引人流和引导人类，合理分配人群的作用。

不同的店铺，原始净高不一样，依据服装店空间的感受需求，从是否悬吊吊顶层面来分，天花设计就有原始结构式和局部悬吊式、整体悬吊式三种。

1. 原始结构式

当服装专卖店的原始净高较矮，或者店铺的面积较大时，为了空间感觉不压抑，天花就直接裸露出原来的楼板和梁柱等结构，管道、灯具等设备均直接裸露出来，仅

在原来的顶面结构及管道等设备上进行喷涂各种内墙涂料、油漆、乳胶漆，裱糊各类壁纸、壁布等。

原始结构式能最大化地提高室内的净高，裸露的结构和设备有自然、粗犷的感觉，适合田园或者走粗犷风格路线的专卖店。因为没有悬吊天花的造型，营造氛围和吸引人流等均需要灯光去强化，因此，原始结构式的灯具样式大部分都是轨道灯及吊灯。轨道灯的轨道走线、造型，吊灯的灯具形式等，是天花设计的重点，见图2-70。

图2-70　原始结构式天花案例

2. 局部悬吊式

在原始结构式天花的基础上，当专卖店中某些功能需要较矮的空间感受，或者较精致干净的视觉感受时，对天花进行局部悬吊装饰，这种方式我们称为局部悬吊式天花。由于局部悬吊式在空间应用上较灵活，它是市场上应用最多的一种方式。

专卖店中的收银区、橱窗、展示节点、休息节点等功能区，通常会需要在局部悬吊造型各异的天花吊顶，遮挡住天花设备和结构，美化、强化该功能区域，起到吸引顾客视线，引导人流的作用，详见图2-71。

3. 整体悬吊式

当店铺的净高较高，内部梁柱结构、需要安装的设备较多，而店铺的风格又要求较精致干净的视觉感受时，需要在店铺的整体空间内悬吊各种造型的吊顶，我们称为整体悬吊式天花。

图 2-71　局部悬吊式天花

整体悬吊式天花造型丰富多彩，依据服装店的风格和功能要求，设计时不宜全面直接平铺过去，需要与地面做成天地呼应的关系，利用天花造型高度变化、材质变化、灯光变化或特殊悬挂物等，巧妙地与平面功能区域形成特殊的区域感。

整体悬吊式天花通常要注意处理几个重要节点：

（1）天花设计与墙面的交接关系

服装专卖店的墙面通常是一货柜或者悬挂衣物的架子为主，墙面装饰造型与材料均是以烘托服装衣物为目的的。通常在进行天花吊顶设计时，要综合考虑空间感受，依据造型的设计手法，利用色彩和材质、形状等形成视觉上顶墙一体的感觉。

服装店的天花一般用压角线（木角线、石膏线）、压直板（石膏板、木板条）的方法，设计成与墙面与保持垂直关系。如图2-72案例所示，这种方法干净利落，使界面看上去更清晰、更精致。

图2-72　天花与墙面垂直案例

当服装店的墙面曲线元素较多，或者凹凸变化较大时，为了墙面与天花的界面交接更加自然，天花的设计上通常都会沿用墙面的材料了造型进行设计，使得整个室内空间整体感更加强烈，如图 2-73 案例所示。

图 2-73 天花与墙面一体化的案例

（2）天花设计与柱子的关系

服装专卖店空间内部一般都有柱子的存在。柱子在店铺空间是突出于墙面的界面，其形态是比较醒目的。合理的设计柱子，使得柱子的形态与店铺空间吻合，能给顾客以和谐的美感，成为店铺空间的有机组成部分。

服装店的柱子装修一般会赋予柱子功能性。当柱子体量较大时，我们一般通过异化形态、夸张造型、赋予特殊材质等方法，强调柱子体量感，然后在其上悬挂大型广告或者多媒体广告，以吸引顾客的目光。另外还可以扩大柱子，做成货架的形式，悬挂服装衣服，如图 2-74 所示。

图2-74　柱子应用案例

二、服装专卖店天花的材料

服装店原始结构式的天花一般使用各种内墙涂料、油漆、乳胶漆等进行喷涂，小型店的服装店可以用各类壁纸、壁布等裱糊。

局部悬吊式天花的悬吊部分一般可以用石膏板、铝扣板等局部悬吊，格栅式、纱幔软帘、玻璃、各种颜色的有机片等也经常会用到。

悬吊式天花一般都使用轻钢龙骨纸面石膏板。纸面石膏板能裁切、弯曲、装订等，易于创造各种造型，它涂刷上各种内墙涂料、油漆、乳胶漆或者裱糊壁纸、壁布等表现材料后，配合灯光，能满足绝大部分服装店的装饰和装修要求，见图2-75。铝扣板和铝塑板相对较轻，有特殊的光质感，常常代替纸面石膏板出现。

为了强化平面功能需求，在顾客通道、收银台、需要突出商品的功能空间，经常会用到格栅、纱幔、镜面玻璃或者烤漆玻璃、各种颜色有机片、造型板等材料进行重点装修（图2-76）。

图2-75　石膏板吊顶与灯光配合的天花

图2-76　天花局部特殊材料

【实践活动】

1. 结合平面布置图，依据原始天花图，进行天花图设计。
2. 在天花造型上进行合理的灯具布置。
3. 在天花图上表明所要材料。

【活动评价】（表 2-13）

表 2-13

	评分项目	学生自评	小组评定	教师评分	平均分	总评分
评分细项 （100%）	天花造型设计					
	梁的处理					
	材料运用					
签　名						

任务 2　立面设计

【任务描述】

> 通过该任务的实践，学生能根据服装专卖店的构思绘制立面图，能记住相关家具的立面数据；能将透视图转换成立面图；会选用立面材料。

【任务实施】

一、依据设计主题，构思各个功能空间样式

在进行服装专卖店立面构思时，要依据服装的品牌先进行空间设计，绘制店铺内各个空间的透视图。

服装专卖店的空间，由平面、天花及立面三种界面围合而表现出来的，具有长度、高度、进深等尺度要素的艺术空间。三种界面相互对独立又相互影响，平面用家具陈设等确定了空间功能的实用性，天花用装饰造型及灯光确定其空间的整体氛围，立面的艺术造型决定了空间立体美感。为了空间效果，调整立面艺术样式的同时，也许要调整相应平面及天花样式，三者之间不可分割独立设计。

二、依据空间样式，绘制立面框架

1. 在项目二平面图上确定要画的立面位置、方向，绘制出内室符号。
2. 结合原始平面图、原始天花平面图，绘制出所要画立面的长、宽、高、梁柱等内容。

原始平面图、原始天花平面图的长、宽、梁、柱、标高等,决定了立面图的长度、高度,梁柱位置,更明确了立面图原始的地面楼板及天花的高差关系。

三、绘制立面内容

1. 依据项目二平面图,绘制立面的内容,如隔断、固定家具等的位置;
2. 依据天花图,绘制天花吊顶的断面;
3. 依据构思,绘制立面装饰图案。

四、完成立面图

1. 标注立面用材颜色规格等说明;
2. 标注尺寸标注、标高;
3. 依据内视符号写上图名和比例,完成图纸。

【学习支持】

服装专卖店空间设计的目的服装品牌的销售服务,所以对服装专卖店整个空间设计进行构思时,构思的重点是墙面与货柜的立体形式。设计墙面与货柜的立体形式,要依据人体视线与柜架高度的关系分层次对所有墙面及货柜进行整体空间布局;还要依据人体视线与柜架垂直空间关系,结合形式美法则,进行每个墙面及货柜的具体设计。

一、立面设计之整体构思

成功的服装专卖店,应该让顾客一走进专卖店,应该能顺着柜架构成的通道网,看到店内琳琅满目的各种层次的商品。因此,柜架组成售货的店铺空间,在平面设计时就应该对人体视线进行分层次设计,在立面设计时尤其要注意依据人体视线与柜架高度关系进行整体空间构思。人体视线与柜架高度关系图如图2-77、图2-78所示。

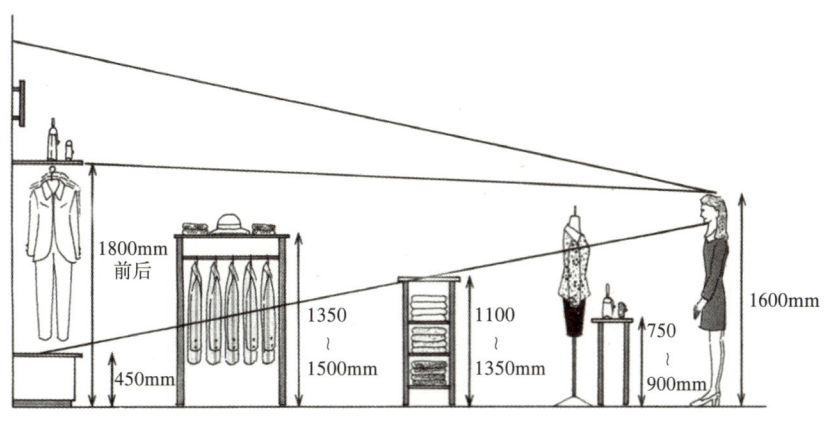

图 2-77　柜架高度与人体视线的关系

图2-78 柜架高度与人体视线的关系应用案例

二、依据形式美法则的具体设计

在店面进行整体空间构思,确保顾客进入店铺有最好的整体空间视觉享受后,对每幅墙面与每个货柜的具体样式进行设计。顾客走近墙面及柜架,对会有整体立面感觉;然后或浏览衣物的颜色和样式,或伸手触摸和感受衣物的材质,都是在他们触手可及、最方便的位置。所以墙面及柜架的立面设计,要依据形式美法则、人体尺度及人体最佳视角去布置每幅墙面和柜架的垂直空间。

1. 立面设计依据——货柜的垂直空间利用与人体视线关系

在保证整体空间视线层次能最大化地展示服装商品后,也要注意每一幅墙面与柜架的设计。应保证服装陈列上架时有适当的面积和空间,使服装能有效地布置成水平与垂直排列:水平排列展示其品种的不同,垂直排列展示同一品种的不同规格和档次。柜架的垂直空间位置应依据顾客的人体视线,在黄金视觉区进行主打商品和畅销商品的陈列,在其他视觉区进行不同商品的摆放,货柜的垂直空间利用与人体视线关系图详见图2-79。

2. 立面设计原则——形式美法则

每个服装专卖店的空间就如一首乐曲,如果只有一种声音、一种节奏,就会让顾客觉得非常单调。在每幅墙面和柜架的立体构成上,运用色彩、线条、材质、形状等元素,依照形式美法则去构图,会给顾客美轮美奂的视觉享受,增加销售成功几率。服装专卖店中形式美的构成因素一般划分为两大部分:一部分是构成形式美的感性质料,一部分是构成形式美的感性质料之间的组合规律,或称构成规律、形式美法则。

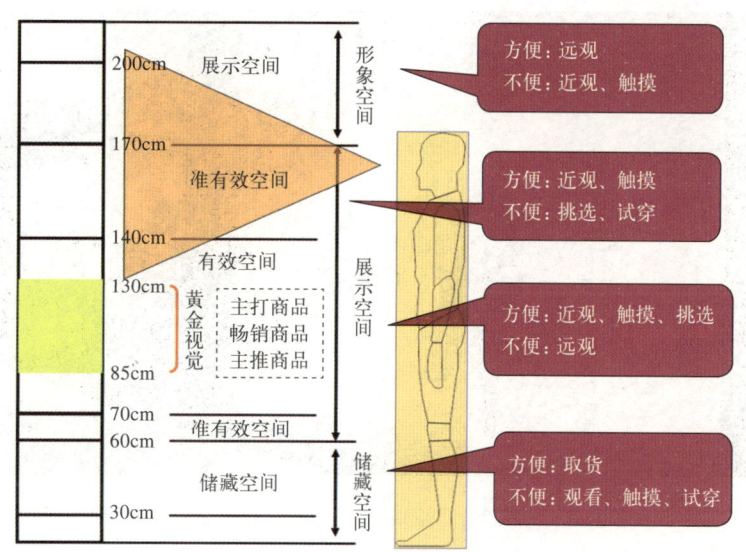

图 2-79　柜架的垂直空间利用与人体视线关系

构成形式美的感性质料主要是色彩、形状、线条、声音等。比如，形状和线条作为构成事物空间形象的基本要素，具有极富特色的情感表现性。如直线具有力量、稳定、生气、坚硬的意味；曲线具有柔和、流畅、轻婉、优美的意味；折线具有柔和、突然、转折的意味；正方形具有公正、大方、固执、刚劲等意味；圆形具有柔和、完满、封闭等意味；三角形具有安定、平稳等意味；倒三角具有倾危、动荡、不安等意味。如图 2-80 中，运用倒三角的形状，把黑色、白色用较刚硬的直线条线条按照一定的构成规律组合起来，就形成了具有色彩美、线条美、形体美的室内空间效果。

图 2-80　三角形构图在专卖店中的情感表现

构成形式美的感性质料组合规律，也即形式美的法则，主要有统一与参差、对称与平衡、比例与尺度、黄金分割律、主从与重点、过渡与照应、稳定与轻巧、节奏与韵律、渗透与层次、质感与肌理、调和与对比、多样与统一等。图 2-81VERO MODA 品牌的封闭橱窗设计中，用枯树做装饰，隔板上壁纸也与其相对应，地面上用淡黄色的布料铺满，白色的木马露一半身子从墙里穿过，动静结合，营造一种回归自然的个性主题。整个构图，模特和木马运用了均衡法则，形成和谐的美感，在模特和木马之间穿插几根枯树干，为场景增加了动态感，渲染出该品牌浓浓的北欧风情，向顾客传递积极、开放的生活理念。

图 2-81　VERO MODA 橱窗均衡形式美法则的应用

三、立面设计常用材料

墙面及柜架是服装店组成空间因素之一，它作为空间的侧面，以垂直形式出现，对人的视觉影响很大，衣服也挂在上面。在墙面处理中，应使它与门窗、灯具和通风孔洞结合起来，以取得完整的效果。墙面可用材料较多，常见的有以下五大类：

1. 内墙涂料及刷浆类材料

内墙涂料类因其种类很多，颜色多样，装饰效果好，可满足不同的使用环境要求，在服装专卖店立面材料中是应用得最多的一类（图 2-82）。

图 2-82　涂料类墙面装饰案例

2. 裱糊类

裱糊类指壁纸、墙布类装饰材料。裱糊类装饰具有颜色丰富、花样繁多、耐污染、粘贴方便等优点，一般被大量用于直接悬挂衣物的墙面上（图2-83）。

图 2-83　裱糊类墙面装饰案例

3. 饰面石材

天然饰面石材由于其比较笨重，施工较难，在服装专卖店中庸的相对比较少。但其花纹和色泽给人非常高贵的感觉，通常用在服装专卖店的LOGO墙上。而由石材做成的文化石因其粗犷的视觉效果，常用与衬托特殊服装商品，故通常用于货柜背景墙（图2-84）。

图 2-84　文化石墙面装饰案例

4. 釉面砖

因为釉面砖具有表面光滑、美观、易清洁、抗水、防水等非常多的优点，服装专卖店中除了用它做地面铺装材料外，内墙上也经常采用特殊纹理的釉面砖作为装饰材料。常见的釉面砖有白色、印花彩色、彩色、彩色拼图及彩色壁画等多种（图2-85）。

图 2-85　釉面砖类墙面装饰案例

5. 墙饰面板

墙饰面板是有塑料贴面板、纤维板、金属饰面板、胶合板饰面、原木板等。因为各类墙饰面板都有很强的可塑性，最后成型造型比较丰富，使专卖店空间规划获得多种可能，满足各类实用需求，因此，在服装专卖店装修材料中，它是除了内墙涂料及刷浆类材料以外，应用最多的一类材料（图2-86）。

图2-86 饰面板类墙面装饰案例

【实践活动】

1. 结合原始平面图、原始天花结构图，绘制出所要画立面的长、宽、高、梁柱等内容；
2. 依据项目二平面图，绘制立面的内容，如隔断、固定家具等的位置；
3. 依据天花图，绘制天花吊顶的断面；
4. 依据构思，绘制立面装饰图案；
5. 标注立面用材颜色规格等说明；
6. 标注尺寸标注、标高；
7. 依据内视符号写上图名和比例，完成图纸。

【活动评价】（表2-14）

表2-14

	评分项目	学生自评	小组评定	教师评分	平均分	总评分
评分细项 （100%）	立面设计					
	立面图规范					
	材料运用					
签 名						

任务3　地面设计

【任务描述】

会根据功能区域的不同需要进行地面设计；能说明重点区域的地面常用设计手法；会处理有高差的地面（如用台阶）；会识别卫生间的建筑结构和构造特征；会标注地面标高；会选用地面装饰装修材料。

【任务实施】

一、教师讲解

1. 地面的作用——引导人流、功能分区。
2. 地面设计考虑因素——店面主题、大小、专卖店服装、展具、灯光、顶面等。

二、学生进行地面设计

1. 依据平面布置图，确定各个功能区地面高度、形状等。
2. 确定各功能区材料及图案形式。
3. 完成地面铺装图。

【学习支持】

一、地面设计应起到的作用

人在走路时会无意识用眼睛确认脚底下的情况，因此服装专卖店的地面设计非常重要，应该起到引导人流和功能分区的作用。

1. 引导人流

服装专卖店的地面通过对不同材质、不同纹理、不同颜色的材料铺贴，能给人指示性，起到了引导人流的作用，详见图2-87。

2. 功能分区的作用

服装专卖店的地面装饰可作为室内功能分区的方式，同引导性能相似，通过材质、颜色、纹理进行区分。如图2-88，利用银灰色方形地毯，把入口开放式橱窗展示重点突出出来，既起到突出该功能区，吸引顾客视线的作用，又划分了人流，使人流往两边商品货架走动。

图 2-87　地面引导人流

图 2-88　地面功能分区

二、地面设计之整体构思

地面设计要起到既能烘托气氛，衬托商品，引导人流，形成良好的购物环境的作用，还要能成为衬托展具和商品陈设的背景。成功的地面设计都应该先有整体构思，确定简单大气的地面主色调，再进行局部设计，在局部适当变化丰富地面视觉效果。地面设计整体构思应考虑一下几个因素：

1. 地面设计与专卖店风格

不同款式、不同品牌的服饰有不同的装饰风格，设计时要赋予时装店自己的个性，在顾客心目中突出形象。地板装饰材料和颜色及地板图形设计应根据服装品牌风格、色彩等特征的不同，对专卖店环境做出相应的设计，使整体环境协调，并适当的变化以形成丰富的效果。一般情况下，专卖店的地面整体相对应该要简洁大气，整体一色铺过，在陈列处或者柜架底部适当铺设地毯或者铺贴色彩较突出的地面材料。在简洁大气之中结合服装品牌特色进行装点：比如女装卖场要有女人味，专卖店地面的线条要流畅、纤细、带有柔和气息；而男装则以深沉、粗犷的线条为主，突出阳刚之气（图2-89）；童装店可以采用不规则图案，可在地板上铺设一些卡通图案，显得天真与活泼。

图2-89 男装店深沉地面

2. 地面设计与店铺面积大小

根据店面的大小选择地面色彩。色彩会影响人的视觉效果，暖色调为扩张色，冷色调为收缩色，面积小的商店地面应选择色彩明亮的暖色，以使空间开阔，视觉上得到了最大限度的延伸。如果选用暗色调的冷色地板会使空间显得更狭窄，增加了压抑感。

3. 地面设计与灯光色调统一

地面设计与灯光照明色调要统一，避免灯光照射地面材料上的反光对服装商品色彩的干扰。有些服饰专卖店通过灯光的多功能光色，使顾客对店内装饰和服饰产生神秘感，另外，通过发光渠道的多样性，投射到不同形态的地面上，给人浓厚的意境感。

4. 地面设计与安全等物理

服装专卖店由于来往人流量较大，地面设计要重点考虑其安全性，在地面设计过程中，要求地面材料具有防滑的性能，同时还要防止顾客行走时被绊倒。一次整个店面的地面应处于同一标高，如果设计高差，应该至少有三级较明显的高差，或者在处理高差的时候采用地下暗藏灯带去提醒顾客。

三、地面设计之局部

1. 入口地面设计

在专卖店设计中第一关便是出入口的设置，招牌漂亮能吸引顾客的目光，而入口开阔才能吸引顾客进店，漂亮的入口地面能引起路人的目光并产生踩上去的欲望（图2-90）。

图 2-90　入口地面设计

如入口处铺有一块小地毯，地毯上印有该品牌服饰的标志，这种细节设计既能保证店内清洁，又具有很强的装饰效果，引起路人的目光并产生进店踩上去的欲望。

2. 橱窗及陈列台地面

服装专卖店的橱窗和陈列台地面，一般根据陈列的陈设品和模特需要，去确定其用材及用料。要使整个橱窗或者陈列台内陈列的商品都能在顾客视野中，尤其是模特身上的衣服高度应与一般人的身高差不多为宜，最好能使橱窗的中心线与顾客视平线相当。因此，橱窗及陈列台的地面一般都采取抬高 150～300mm 为宜。用材上一般铺设地毯或者直接裸露喷了颜色的胶合板（图 2-91）。

图 2-91　橱窗及陈列台地面设计

3. 服务交易区地面设计

服务交易区内的地面设计应该根据总体构思定位用材及用色。

服务交易区内一般较少会出现高差,以防止顾客疏忽产生安全隐患。但是陈列展示台及一些货柜经常会配合地面暗藏灯管进行抬高处理,以形成更强烈的功能分区,同时也能增强服装货物的视觉效果。

图 2-92 服务交易区地面设计

服装专卖店内有一服装的色彩较多,地面不宜采用过于花哨的拼花色彩,地面所用瓷砖或者木地板的颜色与顶面、室内展柜、木墙隔断以及外墙色彩相谐调,同时与服装的缤纷色彩形成对比,使展场显得极其活跃、放松,给顾客带去一份愉快的心情。

四、地面设计常用材料

服装专卖店地面设计常用到表 2-15 中的 8 种材料,他们的优缺点都比较明显。服装专卖店铺风格不同,地面材料的选用也不同。

8 种常用材料　　　　　　　　　　　　　　　　　　　　　表 2-15

序列	名称	示例子图片	优点	缺点
1	实木地板		花纹自然,脚感好,施工简便,使用安全,装饰效果好	价格较高,稳定性较差,性价比偏低
2	复合地板		耐磨、耐划、耐压、无尘且维护方便、防蛀虫、安装简便快捷,是绿色环保型建材	花纹单调死板,弹性稍差,脚感较差

续表

序列	名称	示例子图片	优点	缺点
3	实木复合地板		具有实木地板的自然纹理、质感与弹性，又具有强化地板的抗变形、易清理等优点	是多层地板压制而成，会含有少量的甲醛
4	瓷砖地面		防水、防腐、耐磨、寿命长、纹理突出、花型多、类型多	笨重，具有一定辐射，无大理石自然、无木地板质地好
5	石材板材		构造细密，强度大，有较强的耐潮湿、耐候性；便于清理、外观华贵、使用寿命长久、不怕被划伤、不被重压、天然美观，表里如一	价格昂贵、异常冰冷、质重，对楼体产生重压、部分石材含放射性元素，危害人体健康、耐冲击力差、工期太长
6	地毯		商店采用的地毯大多为化纤地毯，它的装饰性强，保温和吸声性良好	不易清洁，用于较高档的商店中
7	PVC地板		耐磨、耐腐蚀、图案多样、花色种类齐全、易清理，维护方便、抗静电、防虫蛀、阻燃防潮、隔音及弹性好，耐冲击力、质轻、环保、安装简便、价格便宜、足感好	怕利器划伤、有怪味
8	塑料地板		色彩丰富，图案简单，有一定的弹性，施工很容易，价格也很便宜	强度和耐久性较差

【实践活动】

1. 依据平面设计图和专卖店整体风格构想，确定地面整体材料及其色彩、图案。
2. 对重点部位进行装饰，丰富地面样式：抬高或者铺贴不同花色材料。
3. 对地面铺装图标高、尺寸标注、材料引出说明。
4. 完善图纸。

【活动评价】（表 2-16）

表 2-16

	评分项目	学生自评	小组评定	教师评分	平均分	总评分
评分细项 （100%）	地面图案设计					
	地面标高设计					
	地面材料设计					
签　名						

项目 5　服装专卖店陈设配置

【项目概述】

通过该项目的实施，学生能说明服装专卖店陈设的目的、原则和类型，会选择配套的陈设品，包括功能性陈设（流水台、陈列展示台、橱窗道具、灯饰等）；装饰性陈设（书法、绘画等艺术作品）；室内织物陈设，会配置植物。

任务 1　服装专卖店陈设概述

【任务描述】

通过该任务的实践，学生能说明服装专卖店陈设设计的目的；能说明服装专卖店陈设配置的依据；能辨识服装专卖店中的各类陈设品，并依据专卖店空间要求选用适合的陈设品种类。

【任务实施】

一、讲解示范，理解陈设设计相关知识

1. 服装专卖店陈设设计目的
2. 服装专卖店陈设配置依据
3. 服装专卖店陈设品种类

二、陈设品种类赏析

找一找图 2-93 图案中的都有哪些陈设品，它们分别属于哪个类别，形成了什么样的专卖店空间氛围？

图 2-93　服装店陈设品

三、练习

说一说你认识的专卖店陈设品有哪些。

【学习支持】

一、服装专卖店陈设设计的目的

室内设计从内容上讲主要有四个方面：空间设计，陈设设计，色彩、材质设计，灯光设计。而陈设设计中包含大量的色彩材质设计、灯光设计以及空间设计的内容。因此，可以说室内陈设设计是室内设计后期工作的主体。其中陈设设计更多的包括室内设计中有关合理、舒适、美观等问题。室内陈设设计是在室内设计的整体创意下，进一步深入具体的设计工作，它是对室内设计创意的完善和深化。室内陈设设计的宗旨就是创造一种更加合理、舒适、美观的室内环境。

我们知道"陈设"也称为摆设、装饰、俗称软装饰。一般理解为摆设品、装饰品，也可理解为对物品的陈设、摆设布置、装饰。服装专卖店的陈设设计主要指服装服务交易区及橱窗的陈设设计。服装店的陈设品运用各种道具，结合时尚文化及产品定位，运用各种展示技巧将商品的特性表现出来，目的是通过陈设品来美化或强化空间视觉效果，提升品牌形象，吸引顾客，提高销售。

二、服装专卖店陈设的依据

专卖店品牌空间和陈设品的设计要随着该服装品牌的定位及店内服装特色的不同而变化；同一品牌的专卖店，又因季节的因素，展示目的、展示方法以及购物方式的不同而有所不同。

1. 品牌定位及服装特色

在品牌营销的概念下，不同的品牌定位决定了该专卖店服装特色，在各种元素组合而成的专卖店中，一切陈设品的选择和搭配，都是为了烘托该品牌的文化和服装特色。如图 2-94 这组卡汶旗舰店的图片中，具有层面微错落是的墙体、精选的海报图片、形象写意的花型背板等陈设品装点的空间，简约而不简单，高贵而不奢华，崇尚服装形式美与内在气质、文化的并存，一起营造出属于卡汶品牌的艺术空间，将都市女性独有的品位、自信与时尚巧妙地融为一体。

图 2-94　服务交易区陈设设计

2. 流行风格

流行风格总是走在潮流的最尖端，引导着时尚。专卖店的布置也受流行风格的影响，会把最流行的服装款式和颜色放在店铺最显眼的货架和模特上。陈设品要及时根据流行趋势的变化，关注市场的需求，依据形式美原则配合服装进行布置，让顾客产生与之相协调的情绪感，或前卫、高贵，或粗犷自然等等。如图 2-95 中 DEANFUN 蝶安芬家居服专卖店中，以简约、质朴的原木材料，打造线条简约的货架及流水台等家具陈设，展示了该品牌注重至真品质的生活方式，给顾客一种一切以人为本，回归自然的简约消费体验空间。

图 2-95　BDEANFUN 专卖店简约、自然的家具

三、服装专卖店陈设品种类

服装专卖店的陈设品种类繁多，只要你能想到的材料，在适当的店铺空间运用得合理，都能成为服装专卖店的陈设品。从性质上分，可以分为实用性陈设和装饰性陈设两大类，这两大类直接没有严格的区分界限，不同功能性质的空间，陈设品归类不一样。如在家居空间中的餐具、茶具、酒具等生活器皿属于实用性陈设品，但是在服装专卖店空间中属于装饰性陈设品。

（一）实用性陈设品

实用性陈设又称功能性陈设，指不仅具有一定的实用价值，而且具有一定的观赏价值或者装饰作用的实用品。在服装专卖店中主要是各类家具、织物、家电、灯饰等。

1. 家具

服装专卖店的家具主要表达专卖店空间的属性、尺度和风格，包括陈列服装的流水台、货柜、收银台、顾客休息的沙发座椅等，是专卖店陈设品中最重要的组成部分。家具可分为中国传统家具、外国古典家具、近代家具和现代家具。服装店中家具的选用一般是根据专卖店的品牌定位及风格需要而设计（图 2-96）。

图 2-96　家具陈设品

2. 织物

织物陈设是专卖店室内陈设设计的重要组成部分，它在专卖店的出现形式一般是展示节点的地毯；货架后及分隔空间的壁毯、墙布；顶棚的织物；休息节点坐垫靠垫等，既有实用性，又有很强的装饰性（图 2-97）。

图 2-97　织物陈设品

织物陈设以其独特的质感、色彩及设计，对赋予专卖店空间的风格、气氛及人的生理、心理感受的影响都很大，因此在选择织物时，其色彩、图案、质感及式样、尺度等都应根据专卖店空间的整体情况综合考虑。如贵州的蜡染花布、云南的云锦、广东的潮汕抽纱、苏州的缂丝等，具有浓郁的民族风格和地方特色的织物就应该配置在相应的民族服装专卖店上。

3. 电器

服装专卖店中的电器主要包括电视、投影设备、音响设备、电脑等，主要起到对服装产品动态广告宣传的效果，具有强大的视觉、听觉冲击力，能让顾客加深对品牌的理解，并使顾客产生极为深刻的印象。电器的选用不仅要具有很强的实用性，其外观造型、色彩质地设计也都要求具有很精美陈设效果（图2-98）。

图2-98　洞穴RAPA专卖店的店内及电视多媒体广告

4. 灯饰

灯具是提供室内照明的器具，也是美化室内环境不可或缺的陈设品。在专卖店中必须借助灯饰的形、质、光、色制造出各种不同的气氛情调，对重点装饰的地方，更要通过灯光来烘托、凸现其形象。在进行专卖店设计时必须把灯具当作整体的一部分来设计（图2-99）。

图 2-99 灯饰陈设

（二）装饰性陈设品

装饰性陈设又称"观赏性陈设"，是指本身没有实用价值而纯粹用来观赏的装饰品，它们营造店铺氛围，具有极强的精神功能，增加情趣。服装店中的装饰性陈设主要包括艺术品、工艺品和观赏性植物等。

1. 艺术品

服装专卖店中最常用的艺术品一般为绘画、书法、摄影，尤其是工艺装饰画，和照片，是最普及、最重要、最丰富的室内陈设品。艺术品可以改善服装专卖店空间的视觉感受，使得顾客对店铺内空间的艺术感受和心理感受得到最大程度的提升。

对在服装专卖店中对艺术品的布置陈列既要注意作品的造型色彩、比例尺度与室内空间的关系，也要注意作品的内涵和室内风格的关系。如传统的中国画、书法，其特有的画法、画风及意境表达适合陈设在雅致、清静的服装专卖店空间环境中；西方的油画往往表达深沉凝重的内涵，适合陈设在新古典风格的专卖店空间中；而西方现代绘画却常常表现出轻松自如的风格，可与现代风格的专卖店装饰相配（图 2-100）。

图 2-100　摄影、绘画艺术品陈设

2. 工艺品

通常我们把绘画、书法、摄影等称为纯艺术作品，而将陶瓷、雕塑、景泰蓝、唐三彩、漆器或民间扎染、蜡染、布贴、剪纸、玻璃、金属工艺制品、竹编、草编、牙雕、木雕、玉雕、贝雕、泥雕、面人、剪纸、布艺、面具、风筝、香包、古典银镜等称为工艺品。工艺品讲究制作水平，又注重艺术效果的物品。它们都具有很高的观赏价值，能丰富视觉效果，装饰美化专卖店的室内环境，营建特点的文化氛围（图2-101）。

3. 绿色陈设

绿色陈设从种类上区分主要有盆栽、盆景、插花。不同的植物装饰能给人不同的美感，艺术盆景诗情画意、浮想万千；瓶插植物或清新淡雅，或富丽堂皇，或肃穆端庄，或风姿绰约。绿色陈设使得专卖店空间生机勃勃，带来自然气息，令人赏心悦目，起到柔化室内人工环境，在高节奏的现代社会生活中具有协调人们心理平衡的作用（图2-102）。

图 2-101　各种样式的工艺品陈设

图 2-102　绿色陈设

【实践活动】

1. 学生每人找几组服装专卖店照片，用多媒体投影仪投影到黑板上，说出照片内的陈设品都有哪些。

2. 将大家展示的陈设品归类，说明归类原因。

【活动评价】（表 2-17）

表 2-17

	评分项目	学生自评	小组评定	教师评分	平均分	总评分
评分细项（100%）	实用性陈设					
	装饰性陈设					
签 名						

任务 2　服装专卖店各节点陈设设计

【任务描述】

过该任务的实践，学生能说出专卖店空间陈设品的设计原则；能对专卖店先导区橱窗进行陈设品设计；能对专卖店服务流水台及展示节点进行陈设设计；能对交易区的服装陈列家具进行配合设计；能对休息节点进行设计。

【任务实施】

一、讲解示范，理解专卖店陈设品设计要点

（一）服装专卖店陈设设计原则
（二）服装专卖店各功能空间陈设设计
1. 橱窗陈设设计。
2. 流水台及展示节点陈设设计。
3. 陈列服装货架设计。
4. 休息节点陈设设计。

二、说一说

针对自己的服装专卖店品牌定位和服装风格，结合平面、天花、各界面设计，说说你的设计应该选用什么样的陈设品。

三、练习

请给如图 2-103 所示的专卖店橱窗定义一种风格类型或品牌，依据你定位的品牌或者服装风格对橱窗进行陈设品设计。橱窗长 7.2m，进深 1.8m，高 4.8m。

图 2-103　橱窗空间

【学习支持】

一、整体陈设设计构思

由于陈设设计室内设计后期工作的主体，包含大量的色彩材质设计、灯光设计以及空间设计的内容。在进行陈设设计之前，必须结合前面的空间设计和界面设计，在整体创意下，有一个整体的陈设设计构思主题，再进一步深入重要节点的陈设设计工作。

依据服装专卖店的品牌定位及装饰风格元素，确定陈设设计的整体主题，不同服装及室内空间风格，陈设品整体定位不同。专卖店的陈设应表达一定思维、内涵和文化素养，对塑造室内环境形象，表达室内气氛，环境的创新起到画龙点睛的作用。如图 2-104、图 2-105 中 Robert cavalli 专卖店从服装到店铺空间都沿用了原始森林的元素，商店的橱窗也是一片热带雨林的风景，店铺的门都是各种野生动物的造型，店铺处处展现了大自然的风貌，突出了服装的特色。

图 2-104　Robert cavalli 专卖店内部原始森林主题陈设

模块2
服装专卖店装饰设计

图 2-105　与店铺内部主题一致的橱窗

二、橱窗陈设设计

服装专卖店设计中，服装店橱窗设计是体现专卖店风格和内涵的最佳空间。服装店橱窗的本质是销售，但服装店橱窗设计却体现了商品魅力之外更宽广、深厚的人文关怀或艺术风格。

橱窗经常用到的陈设品主要有各种材料和样式的背板、干枝、展示台、模特等，它们随着季节、主题的不同经常更换，灵活性非常强。因此橱窗设计最简单、易行的区分方法其实就分为两类，一类是按照时间、季节为主线的，比如四季、打折、促销等，另一类是以表现产品理念为主线的。

1. 以时间、季节为主线的橱窗

以时间、季节为主线的橱窗，是根据季节变化，进行四季新装上市主打宣传、换季打折促销等展示活动，主要是销售本季和本阶段的流行款式和主打商品。如冬末春初的羊毛衫、风衣展示，春末夏初的夏装、凉鞋、草帽展示。这种手法满足了顾客应季购买的心理特点，用于扩大销售。如图2-106中，橱窗背景采用悬挂装饰的背板上色彩烂漫、层次错落，配合灯光装饰，让印在背板上音乐旋律般跳跃的字母似在云端飞翔；橱窗中部或坐或站的模特形成一个稳定的三角形构图，模特旁边新叶初展的攀藤正在努力向上

197

生长；橱窗外的透明玻璃贴着线条简单的花叶贴图——三个层次上的立体空间的布置增强了橱窗的空间感，使得橱窗中春天的温暖气息扑面而来，与品牌的青春定位十分相符。

图 2-106　春天橱窗陈设

2. 表现产品理念为主线的橱窗

根据服饰商品的特点，最常用的主题是关于自然、季节和社会，人生方面的，因为服饰的本质就是人与自然和社会沟通的媒介。

如图 2-107 封闭式橱窗，采用了场景式造型设计。橱窗的主体是一艘扬帆起航的木筏船，两名身着白衣的女模特一个手拎帆布包向前瞭望，另一个仰面躺在木筏上梳理头发。木质的航海储物箱随意地堆放在脚边，里面盛放着漂流瓶、水晶烛台、香槟酒杯和一个人头骨。灯光恰到好处地运用，使背景的蓝色更加深邃，犹如一望无际的大海。这一切明确地表达出了一个主题：航海。所以，只要从流行趋势的主题中提炼出符合本品牌的设计点，创意和风格的实现就会变得如此自然。

图 2-107　场景式造型设计

(1) 信息橱窗

信息橱窗是为传递某种信息为中心，围绕这一信息，组织商品进行陈列，向顾客传递一个信息，多是新产品的信息（图 2-108）。分类为：

1) 节日橱窗陈列——以庆祝某个节日为信息组成的橱窗设计；

2) 事件橱窗陈列——以社会上某项活动为主题，将关联商品组合起来的橱窗

3) 场景橱窗陈列——根据商品用途，把有关联性的多种商品在橱窗中设置成特定场景，以诱发顾客的购买行为，如运动装橱窗陈列可以加些实用性的体育用品。

图 2-108　信息橱窗陈设

(2) 专题橱窗

指用不同的艺术形式和处理方法，在一个橱窗内集中介绍某中产品，主要是销售本季和本阶段的流行款式和主打商品（图 2-109）：

1) 单一商品特写陈列：

在一个橱窗内只陈列一个商品，以重点推销该商品。

2) 商品模型特写陈列

即用商品模型代替实物陈列，来突出卖场的特色，吸引顾客的注意力，增加销售量。

图 2-109　专题橱窗陈设

三、流水台及展示节点陈设设计

服装专卖店中展示节点主要以流水台为主,通过大量道具的加入以及模特的组合,营造一种较为舒适的购物氛围,以引起消费者关注的展示形式。节点展示方式主要有:

(1)三角构成法

三角形构图具有安定、均衡但不失灵活的特点,三角构成是流水台陈列中运用最为广泛的陈列方式,通过道具将商品的组合具备一定的高度,使整组陈列显得更为立体,充分迎合了人的视觉流动规律,更好地吸引距离较远的顾客走近观看。

其三角形可以是正三角也可以是斜三角或倒三角;可以是水平三角形,也可以是垂直三角形,设计方式较为灵活。构成三角形的要素可以是流水台本身,也可以是流水台、道具(花、草、鞋、包等)、模特(图2-110)。

图2-110 三角构成法案例

(2)水平构成法

水平构成法是指流水台平面形状不拘泥,但整体呈水平延伸,摆放的商品也是水平布置,无模特或其他高大的立体道具装饰。

图2-111 水平构成法案例

(3) 垂直构成法

垂直构成源要基于流水台的造型，在推荐台的陈列中使用的频率并不是很高。垂直构成的流水台一般设多层，摆放的货物量和货物样式都比较多（图 2-112）。

图 2-112　垂直构成法案例

四、陈列服装货架设计

服装店的灵感来自于展开的服装架，并通过横向折叠和展开的服装架来为主要服装领域和更衣室服务，给客户营造出一种纯洁的感觉，同时通过服装来迎合一种女性流派（图 2-113）。

图 2-113　货架陈设

五、休息节点陈设设计

服装店休息节点是专卖店人性化的表现之一。陪伴朋友或亲人消费者选购服装是件苦差事了，适当的设置休息区，能让店铺空间显得更舒适化。休息节点的设置位置有独立式、结合收银台、结合试衣间三种方式。

◆ 独立式休息节点

在店铺的公共空间区域单独设置一个或者几个休息节点供顾客休息，能很好的缓冲店铺的动线节奏，让顾客在浏览商品时做短暂的停留，提升购物空间的档次（图2-114）。

图2-114 独立式休息节点案例

◆ 与收银区结合的休息节点

收银区是顾客最后停留的地方，在收银区附近设计休息节点，能让收银区相对空旷，也为等待买单的顾客提供更温馨的服务（图2-115）。

图 2-115　收银区的休息节点案例

◆ 与试衣区结合的休息节点

休息节点设计在试衣间附近,是服装店铺用得最多的一种方式。在等待朋友或亲人试衣服的时候,能适当的提供休息座椅,能让顾客朋友在点评试穿衣物时保持好心情,提高销售业绩(图 2-116)。

图 2-116　试衣区休息节点案例

【实践活动】

依据品牌定位及服装风格，结合前面设计的平面、天花、各个界面图，对店铺重要空间节点进行陈设设计。

【活动评价】（表 2-18）

表 2-18

	评分项目	学生自评	小组评定	教师评分	平均分	总评分
评分细项 （100%）	橱窗陈设					
	展示节点					
	货柜					
	休息节点					
签　名						

参考文献

[1] 张绮曼，郑曙旸. 室内设计资料集[M]. 北京：中国建筑工业出版社，1991.

[2] 来增祥，陆震纬. 室内设计原理（上，下）[M]. 北京：中国建筑工业出版社，2004.

[3] 庄荣，吴叶红. 家具与陈设[M]. 北京：中国建筑工业出版社，2004.

[4] 彭一刚. 建筑空间组合论[M]. 北京：中国建筑工业出版社，2012.

[5] 广州市建筑装饰行业协会. 第四届广州建筑装饰设计大赛获奖作品集. 广州：2011.